元素生活

Wonderful Life

With The ELEMENTS

寄藤文平◎著

張東君◎譯

完全版

遠流出版公司

INTRODUCTION
前言

你知道吸了一肚子氦氣，會發生什麼事嗎？

當我還在美術大學念書的時候，我曾經為了創作作品，而買了兩個氣瓶的純氦氣。

眾所周知，只要吸了氦氣，講話的聲音就會變得跟唐老鴨的高嗓音一樣。

不過市面上賣的氦氣袋，並不會讓聲音變得太高，而且馬上就會恢復原狀。

要是用了這個，也許就能發出更詭異的聲音呢！

我把肺部所有的氣都吐光，把氣瓶轉到全開，盡可能地把氦氣吸進身體中。

然後，我的眼前突然一陣發黑！我想要吸氣，卻只是像金魚一樣開合嘴巴，完全吸不到空氣；

我感覺血液漸漸從頭腦流失，全身也愈來愈冷。

我後來才知道，要是吸取過量高純度的氦氣，可是會窒息而死呢！

當時教室裡只有我一個人，我不顧一切朝著外面大叫：

「啾咪嗯呀──」（↑超女高音）

什麼嘛，好不正經的聲音啊！由此可見，吸氦氣會產生雙重危險：

第一是會窒息；第二是再怎麼喊救命，聽起來也像是在開玩笑而已。

我們在日常生活中，幾乎不會意識到元素的存在。

更沒聽說過了解元素能讓我們變得受歡迎（反過來的情形倒是常有）。

所以，如果被要求眼睛看著桌子，心裡想著碳，實在是強人所難。

元素到底是什麼玩意兒？

首先，原子和電子都太小啦，何況把這複雜世界只分成118個元素，真是太草率。

元素能夠帶給我們像是接觸到世界核心般的純真快樂。

但是從我們的生活中去想像它，它實在太小；

而且只用元素來說明生活周遭的事物，似乎太過粗略。

在這本書中，我盡可能將元素的樂趣整理成我習慣的樣子。

製作本書時，我曾向理化學研究所的玉尾皓平先生、京都藥科大學名譽教授的櫻井弘先生、京都大學的寺嶋孝仁先生請益，請他們審訂。

渴望認識元素的心情無法言喻；能透過圖畫與大家分享它的趣味，是我最大的榮幸。

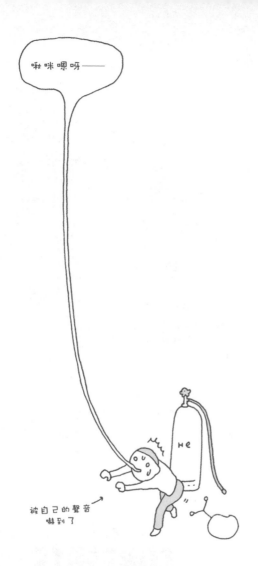

※幸好很快就康復了。

超級元素週期表
SUPER PERIODIC TABLE OF THE ELEMENTS
p.027

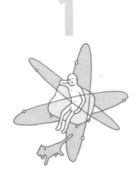

生活與元素
ELEMENTS IN THE LIVING ROOM
p.009

前言
INTRODUCTION
001

目 錄
CONTENTS

元素公仔
ELEMENT CARTOON CHARACTERS
p.053

元素的吃法
HOW TO EAT ELEMENTS
p.175

元素危機
THE ELEMENTS CRISIS
p.199

COLUMN

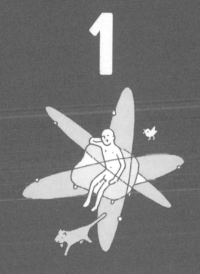

1

ELEMENTS IN THE LIVING ROOM
生活與元素

構成宇宙的元素

ELEMENTS OF THE UNIVERSE

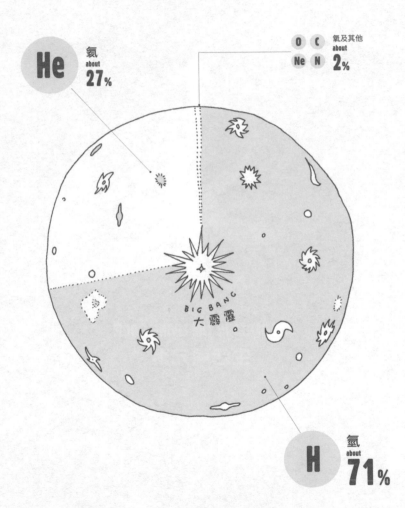

He 氦 about 27%

O C Ne N 氧及其他 about 2%

BIG BANG 大霹靂

H 氫 about 71%

構成太陽的元素

ELEMENTS OF THE SUN

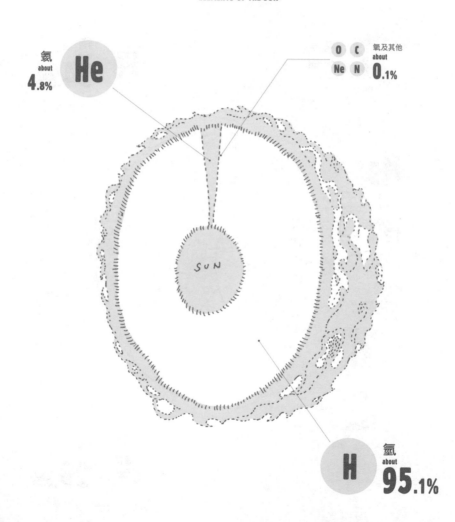

氦
about
4.8%

He

O C 氧及其他
about
Ne N **0.1%**

SUN

氫
about
95.1%

H

構成地球的元素

ELEMENTS OF THE EARTH

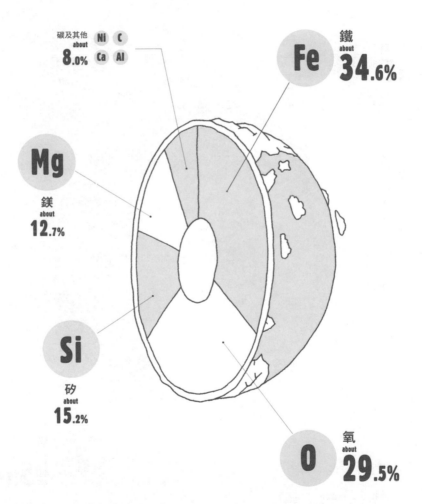

碳及其他 about **8**.0% Ni C Ca Al

Fe 鐵 about **34**.6%

Mg 鎂 about **12**.7%

Si 矽 about **15**.2%

O 氧 about **29**.5%

構成地殼的元素

**ELEMENTS OF
THE EARTH'S CRUST**

構成海水的元素

**ELEMENTS OF
SEAWATER**

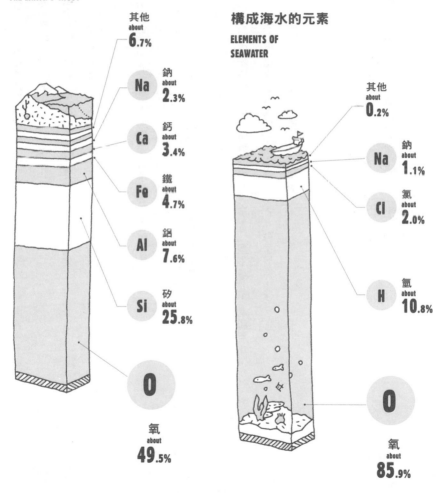

其他
about
6.7%

鈉 Na about **2.3%**

鈣 Ca about **3.4%**

鐵 Fe about **4.7%**

鋁 Al about **7.6%**

矽 Si about **25.8%**

O

氧
about
49.5%

其他
about
0.2%

鈉 Na about **1.1%**

氯 Cl about **2.0%**

氫 H about **10.8%**

O

氧
about
85.9%

如前幾頁所示，用元素來說明宇宙或地球等範圍很大的話題，是再適合不過了。

可是要從元素的角度來看生活，就變成非常困難。

何況在這幾十億年之間，地球的元素其實沒有太大的變化。

總而言之，人類不管出生或死亡，似乎跟元素沒什麼關係。

即使是環境問題，從元素的角度來看也都No Problem。

不管臭氧層有沒有破洞，或者大氣中的二氧化碳是不是增加，都只不過是元素的組合有所改變而已。

要不是發生天體撞擊或是核爆這類極嚴重的大事，元素本身並不會起變化。

不過要是真的發生這種事，人類也根本活不下去，就不會有生活了。

感覺上，元素跟生活實在是八竿子打不著邊。

話說回來，雖然元素本身沒有變化，

但是如果以一萬年左右的區間來看，仍舊看得出生活中元素的改變。

現在就讓我們加快腳步來看看這些變化吧。

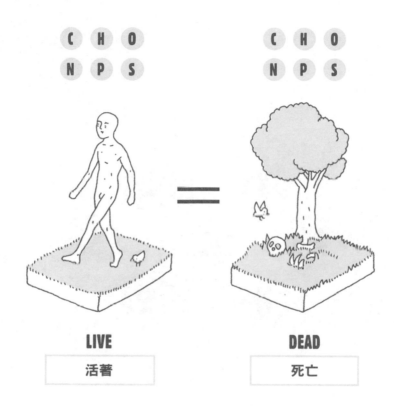

LIVE

活著

DEAD

死亡

沒有變化

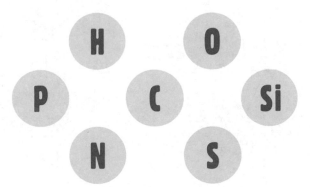

樹・草

C H O
N P S

土・石
Si O

原始的生活

PRIMITIVE TIMES

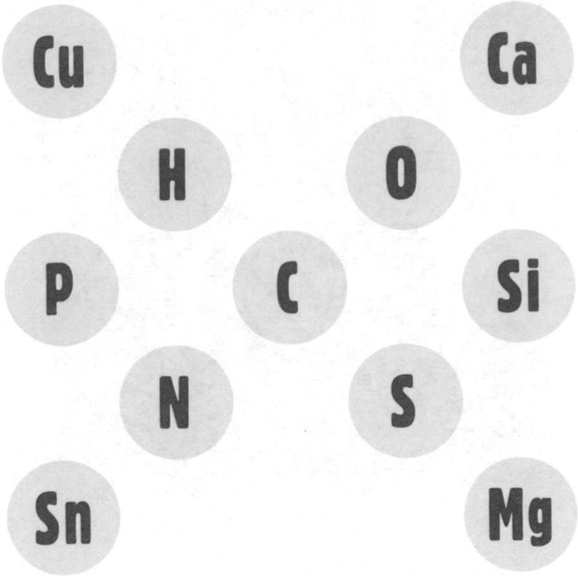
Cu
Ca
H
O
P
C
Si
N
S
Sn
Mg

銅劍
Cu Sn

樹・草
C H O
N P S

黑曜石刀
箭鏃
Si O
Mg

土器
Si
O

骨角器
Ca

布
C H O

土・石
Si O

古代的生活

ANCIENT TIMES

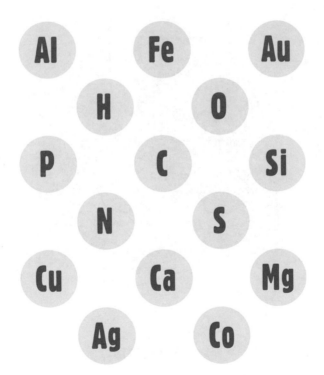

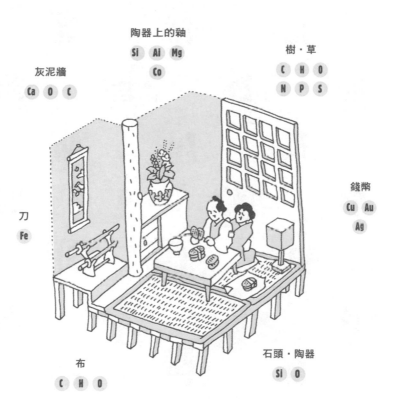

陶器上的釉
Si Ai Mg
Co

灰泥牆
Ca O C

樹·草
C H O
N P S

錢幣
Cu Au
Ag

刀
Fe

布
C H O

石頭·陶器
Si O

中世紀的生活

MEDIEVAL TIMES

As Fe W

Ru Zr In Sb

Al Cu Au

Ga H O Nd

P C Si

Li N S Hg

Br Ca Mg

Mn Co Ta Te

Mo Pb Kr

液晶螢幕
In

DVD
Te Sb

日光燈
白熾燈泡
Hg W Kr

鋁門窗
Al

樹·草
C H O
N P S

擴音喇叭
Zr Nd

玻璃
Si O

塑膠
C H O
N

筆記型電腦
Li Au Ni
Ag Cu Ru
Pb Ga Br
Fe Mo

行動電話
As Li Mn
Co Ga Au
Ta

布
H O
C

水泥
Si O

鋼筋
Fe

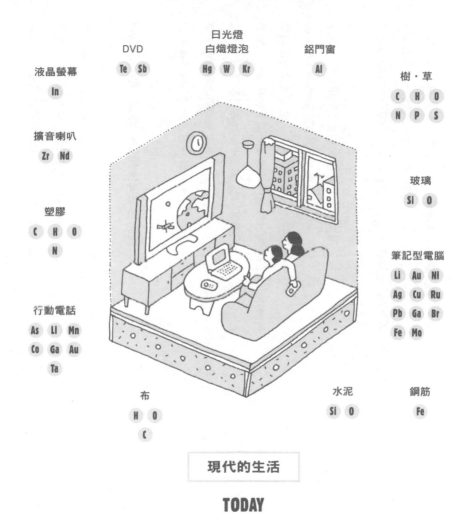

現代的生活

TODAY

我們生活中的元素種類，在這一萬年間持續增加。

特別是到了最近這50年左右，更是明顯變多，

數量是原始時代的5倍，江戶時代（約17至19世紀）的2倍。

家裡的客廳，集合了來自全世界的元素。

像是液晶螢幕使用的銦來自中國，

塑膠和塑膠布是原本存在於阿拉伯地底的石油，也就是由碳所構成的。

隨著網際網路的普及，全世界的生活空間

由銅與二氧化矽（就是光纖）交織成的網路連結在一起；

在光纖中的電子與光，正咻咻咻地交錯飛舞。

像這樣有著多種不同元素活動的時代，

大概是隕石最後一次衝撞地球以來首見吧。

當我們聽到「全球化」這三個字，通常會聯想到金融或政治的相關話題，

但實際上，元素才是真正的全球化。

我們的生活早就以元素為媒介，跟世界串連在一起了。

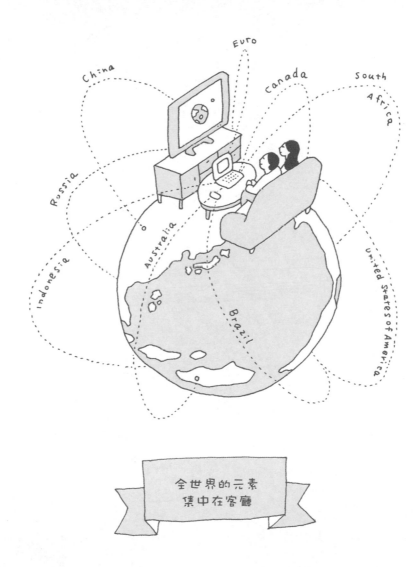

全世界的元素
集中在客廳

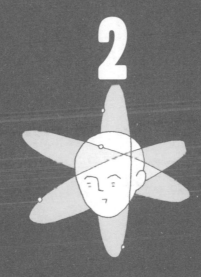

2

SUPER PERIODIC TABLE OF THE ELEMENTS
超級元素週期表

								He
			B	C	N	O	F	Ne
			Al	Si	P	S	Cl	Ar
Ni	Cu	Zn	Ga	Ge	As	Se	Br	Kr
Pd	Ag	Cd	In	Sn	Sb	Te	I	Xe
Pt	Au	Hg	Tl	Pb	Bi	Po	At	Rn
Ds	Rg	Cn	Nh	Fl	Mc	Lv	Ts	Og
10	11	12	13	14	15	16	17	18

Gd	Tb	Dy	Ho	Er	Tm	Yb	Lu
Cm	Bk	Cf	Es	Fm	Md	No	Lr

元素週期表

PERIODIC TABLE OF THE ELEMENTS

元素是以H（氫）或F（氟）等元素符號做標記。
橫列是「週期」，縱行則稱為「族」。
由於鑭系（Ln）及錒系（An）包含了太多元素，
另外列在最下面。
只要能好好理解週期表的排列原則，
就可以更親近元素的世界。

週期＼族	1	2	3	4	5	6	7	8	9
1	H								
2	Li	Be							
3	Na	Mg							
4	K	Ca	Sc	Ti	V	Cr	Mn	Fe	Co
5	Rb	Sr	Y	Zr	Nb	Mo	Tc	Ru	Rh
6	Cs	Ba	Ln	Hf	Ta	W	Re	Os	Ir
7	Fr	Ra	An	Rf	Db	Sg	Bh	Hs	Mt

Ln＝	La	Ce	Pr	Nd	Pm	Sm	Eu
An＝	Ac	Th	Pa	U	Np	Pu	Am

「請海狸皮捧炭蛋養福奶⋯⋯」※大家都有這種背元素表的經驗吧？

這種記法，其實並沒有多大的意義。

追根究柢，元素就是把物體依其性質作分類。

目前皆是以原子核中的質子數目為基準來作分類，而質子的數目會決定電子的數目，

電子的數目又會決定原子的動作方式，最後再決定該元素的性質。

所謂的「請海狸皮」是背誦元素名稱時用的諧音，並不能用來了解元素。

因此，才會有元素週期表。

週期表是集結了古今科學家的智慧所製作出的厲害圖表。

不過老實說，乍看之下還是不太能懂它的意思。

所以在此我先不強調元素的序號，而是從性質著眼，

製作一個比較簡單易懂的週期表。

※譯註：這句是「氫氦鋰鈹硼碳氮氧氟氖」的諧音記憶法。日文的背誦法是「水兵リーべ僕の船」，意為「水手愛人我的船」。

一般的原子表示方式

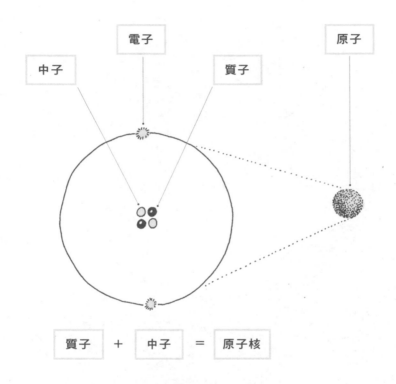

質子	+	中子	=	原子核

元素是用來表示原子種類的名稱。
原子是由「原子核」以及環繞在其周圍的「電子」所組成。
「原子核」則由稱為「質子」及「中子」的粒子所組成。
質子帶有正電荷，電子帶有負電荷，
所以每個元素都具有相同數目的質子和電子。
實際上，電子會呈現出所謂「電子雲」的雲狀。
上圖是將它做了平面的表現。

用臉孔來表示原子

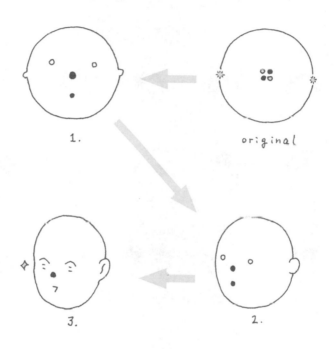

電子會位在原子的各個「電子殼層」上，
原子的電子數目愈增加，其外側就會分出新的電子殼層。
位於最外層電子殼層中的電子，稱為「價電子」。
價電子的數目會決定元素的性質，不過其中的機制十分複雜。
由於本書著眼於元素的性質，所以不會太深入談到原子的話題，
於是乾脆就把原子畫成臉孔。鼻子是原子核，整張臉是原子。
雖然這樣有些粗略，但就讓我們以這些臉為基礎，來看看元素的性質。

元素的髮型

HAIRSTYLE OF THE ELEMENTS

元素在此依性質大略分為14個大類。

一般元素的分類,基本上表現在週期表的縱行,每一行稱為「一族」。

由於同一族的元素可能性質相異,不同族的元素也可能性質相近,

所以這裡依元素性質稍作整理,將所有元素分成14大類。

這些大類分別冠上「鹼金屬」或是「鹵素」這類名稱。

本書以原子的臉孔為基本,再用不同髮型代表14個不同類型。

這樣一來,大家馬上就可以理解它們的性質。

鹼土金屬

Alkaline earth metals

感覺不太醒目
少爺髮型

位於週期表從左邊數來第二排的第2族金屬元素。它們反應性高,雖然會和空氣中的氧或水起反應,卻沒有鹼金屬那麼快,鈣是這一大類的代表。這一大類稱為「土」,表示它們多半是存在土中的元素。

鹼金屬

Alkali metals

有點格格不入
文藝派髮型

包含了週期表第1族中,除氫以外的6個元素。這些元素都是金屬,它們很柔軟,像鋰和鈉都可以用刀子切斷。由於密度小,有些還能浮在水上。它們容易氧化,表面很快就會失去光澤。

鋅族

Group 12 Elements

立刻蒸發
龐克刺蝟頭

第12族3個元素的總稱。其中的汞（水銀）與鋅、鎘不同，它是唯一在常溫下呈液體狀的金屬。此外，這類金屬的蒸氣壓高、容易蒸發成氣體，也是這一少數族群的共通特徵。

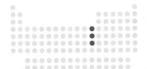

過渡金屬

Transition Metals

元素成員最多
上班族髮型

從週期表第3族到第11族為止的金屬元素，這一大類的元素成員也最多。一般生活上稱為「金屬」的物質，大多是過渡金屬中的元素。在週期表中位置相鄰的元素，通常具有類似性質。

碳族

Group 14 Elements

聰明元素
知識份子髮型

位於第14族的元素。碳能和各種
不同的元素結合，以各種有機化
合物的形式存在。矽則活躍於半
導體之中。鉛、鍺、錫這些金屬
雖然現在已不太流行，但在過去
曾經很受歡迎。

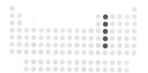

硼族

Group 13 Elements

輕盈機靈
雞冠頭

位於第13族的元素。以鋁為代
表，廣泛使用於各種製品中。雖
然「硼族」這個名字聽起不太響
亮，但其中卻有不少像鎵、銦、
鈦等支撐著尖端科技的金屬元素
存在。

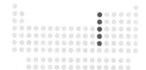

氧族

Group 16 Elements

沒有整體性
半禿頭

位於第16族的5個元素。這一大類中，只有氧的性質與眾不同。由於硫、硒、碲是構成礦石的主要成分，所以它們可說是「製造石頭的玩意」，又稱為「硫族元素」。其中的釙則是具有放射性的金屬元素。

氮族

Group 15 Elements

不喜歡普通造型
龐克莫西干頭

位於第15族的5個元素。其中氮是氣體，其他都是固體。氮不易分解且非常安定，在大氣中佔了大約八成。這一類有不少元素自古以來就為人所知，此外，像磷、砷這樣可以當做解藥或毒藥的元素也不少。

惰性氣體

Noble gases

我行我素
蓬蓬頭

屬於第18族的6個元素。構造最安定，幾乎不會與其他元素發生反應。每個的沸點和熔點都很低，特別是氦，即使在絕對零度（-273.15℃）下也不會凝固。由於它們很稀有，也被稱為「稀有氣體」。

鹵素

Halogen

一看就知道
禿頭

位於第17族的非金屬元素。在常溫下，氟與氯是氣體，可是溴卻是液體，碘和砈則是固體，形態並不一致。它們的反應度非常高，能夠與鹼金屬及鹼土金屬一起製造「鹽類」。

錒系元素

Actinoid

幾乎都是人造元素
機器人髮型

週期表中從「錒」到「鐒」為止
15個元素的總稱。這些元素的構
造與鑭系元素非常類似。位在比
鈾還重的「錼」之後的元素,都
統稱為「超鈾元素」。這一大類
幾乎都是人工製造出來的元素。

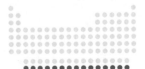

鑭系元素

Lanthanold

超稀有
原子小金剛頭

週期表中從「鑭」到「鎦」為止
的15個元素。由於非常稀少,又
稱為「稀土元素」。其中有幾個
元素性質非常相似,很不容易分
辨。為了要確認這一類中的每個
元素,科學家們花了100年以上
的時間。

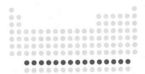

特別版

Hydrogen, Unun series

最強的王者
以及身分不明者

由於氫是構造最單純且在宇宙中約佔71%的王者元素，所以把它列入「特別版」。此外，排在原子序112之後且字首為「Unun」的無名元素，因性質尚未分析出來，所以也歸入特別版。

其他金屬

Other metals

居無定所
游離髮型

第2族的鈹和鎂，雖然和鹼土金屬排在同一行，卻不像鹼土金屬一樣能顯示火燄反應，所以另外獨立出來。由於它們並沒有大類的名稱，所以直接稱為「其他金屬」。

將14個元素類型依髮型分開之後，
再把元素排成一排仔細看看。

**如果將元素由輕到重排序，
可以發現類似性質的元素會週期性的出現。**

最先注意到這一點的，是位名叫「門得列夫」的科學家。

他順著這個週期，把性質類似的元素排成縱行，
橫列則表示愈往右，元素的原子量愈大。

照這樣整理出來的表，就是元素週期表※。

不過，即使是同一類的元素，每一個也都具有不同的個性。

我想要把它們設計成一眼就看得出個性、
更令人印象深刻的元素週期表，
也就是這份超級元素週期表。

※譯註：目前通用的元素週期表是依原子序由小到大排列。

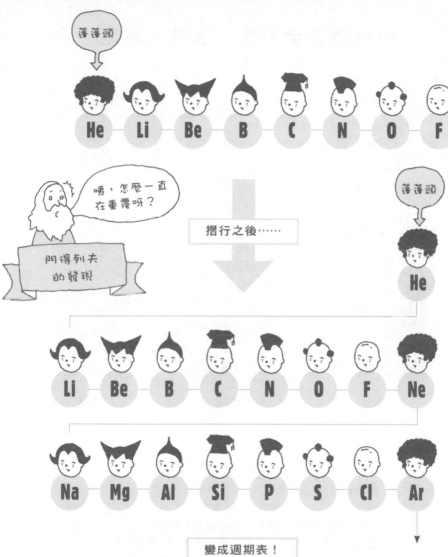

以身體表示固體、液體、氣體

solid / liquid / gas

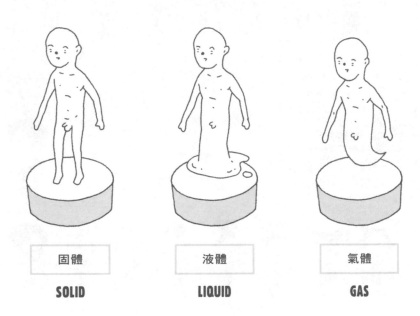

固體	液體	氣體
SOLID	**LIQUID**	**GAS**

不只是臉孔而已，在此也試著加上身體。
有些元素在常溫下是氣體，有些是像鐵一般的固體，
或者像汞一樣呈液體。
下半身的形狀表示該元素在常溫下呈現的狀態。
氣體呈幽靈狀，液體像是外星的不明物體，固體是人形。
液體元素只有兩個，其他元素基本上不是固體就是氣體。

把原子量當成體重

mass

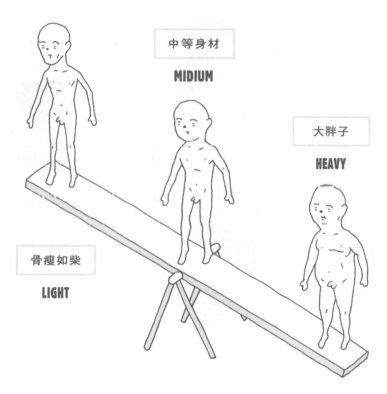

這裡所謂的重量，指的是「原子量」。
原子量是把碳-12當成「12」的相對比值。這樣說你或許有聽沒有懂，
所以在此我以體重來表現原子量。由於在週期表中，
愈往下走原子量就會愈大，基本上會變得愈來愈胖，
例如原子序1的氫和111的錀，原子量大約差了270倍。
這裡並不是要表現正確的原子量，只是想以大致的印象來表現。

以年紀表示發現年代

discover year

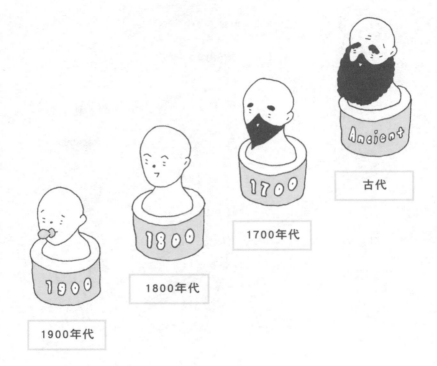

古代

1700年代

1800年代

1900年代

有些元素從很久很久以前就為人所知，
也有些是到了最近才被發現的（人造）元素。
在這裡把元素被發現的年代，直接以年齡來表示。
大部分的元素幾乎都是在1800年代被發現，
要再細分出確切時間很困難，所以在此只分成四個階段。

以背景或衣服表示特殊性質

property

放射性	磁力	發光

發出放射線的元素。雖然進行操作時很困難，但卻活躍於各種不同的領域。

具有強烈磁力的元素。會穿上代表S極與N極的雙色衣服。

能做為夜光塗料、煙火或光纖等，具有特色亮光的元素。

在此特別強調一些放射性元素、會發光的元素
或具有強烈磁力的元素，讓大家能一目了然。
附帶說明一下，放射線的標誌，
分別代表阿法（α）射線、貝塔（β）射線、伽瑪（γ）射線。
而具有磁性的元素則以雙色來表現，以方便了解。

正確的標誌
是這樣

專業用

雖然不是受到廣泛使用，卻像有拿手絕活的專職技術人員。

研究中

現在一般人還無法使用，是仍在研究階段的元素。

人造

由人工製造出來的元素。穿機器人裝，和鋼彈戰士使用的是相同材質。

以服裝表現主要用途

Main use of the elements

多用途	人體礦物質	日常生活用	產業用
在生活或工業領域都很熱門，應用廣泛且一人分飾多角。	對人體來說不可或缺的營養元素。下半身只穿內褲，代表天然優良的健康寶寶。	像媽媽一樣，在客廳、廚房等日常生活中很活躍的元素。	在一般生活用品中較少見，主要是在工業製作的場合中努力不懈的上班族元素。

有些元素在生活中受到廣泛使用，有些元素只有研究者會用到。
這些元素的使用方式，在此以服裝來表現。
由於元素會以各種不同的姿態出現，並使用在各種不同的場合，
所以很難斷然地說哪種元素一定會使用在某處，
不過，這個圖示可以當做一個大略的指標。

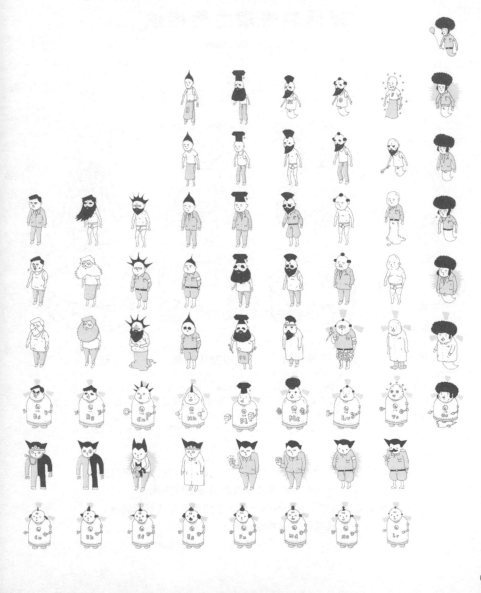

超級元素週期表

SUPER PERIODIC TABLE OF THE ELEMENTS

這就是超級元素週期表。
從這張圖可以看出愈往下，重量就愈大，
而每一縱行代表的是相同性質的元素。
這個週期表把元素的重量及性質整理得簡單易懂，
足以成為劃時代的圖表。

※書末附有大張元素週期表，請見最後拉頁。

3

ELEMENT CARTOON CHARACTERS

元素公仔

接下來，就讓我們一一認識這些元素吧。

要介紹元素最困難的部分在於，即使同一種元素，

有時候是土，有時候是空氣，有時候又變成了生物。

在這裡，只是挑選與日常生活較相關的層面作介紹。

檢視一個個元素時會發現，即使是單一元素，也具備了各種不同的面向。

可是在和氫結合時，又會變成水。

例如接近火的時候，會產生爆炸性燃燒；

說是這樣說，不過118個元素也實在不算少。

到底哪一個元素位在哪裡，不一會兒工夫就找不到了。

當搞不清楚的時候，請參考下一頁開始的索引吧。

在看週期表的時候，只要依照原子序尋找，就很容易找到。

現在，請開始和這118個不同個性的元素公仔們，

一起分享快樂時光。希望你不要嫌棄它們喔。

H 1 氫 → 064	**He** 2 氦 → 066	**Li** 3 鋰 → 067
Be 4 鈹 → 068	**B** 5 硼 → 069	**C** 6 碳 → 070
N 7 氮 → 072	**O** 8 氧 → 073	**F** 9 氟 → 074
Ne 10 氖 → 075	**Na** 11 鈉 → 076	**Mg** 12 鎂 → 078
Al 13 鋁 → 079	**Si** 14 矽 → 080	**P** 15 磷 → 082
S 16 硫 → 083	**Cl** 17 氯 → 084	**Ar** 18 氬 → 085

K 19 鉀 ➡ 088	**Ca** 20 鈣 ➡ 090	**Sc** 21 鈧 ➡ 092	**Ti** 22 鈦 ➡ 093	**V** 23 釩 ➡ 094	**Cr** 24 鉻 ➡ 095
Mn 25 錳 ➡ 096	**Fe** 26 鐵 ➡ 098	**Co** 27 鈷 ➡ 100	**Ni** 28 鎳 ➡ 101	**Cu** 29 銅 ➡ 102	**Zn** 30 鋅 ➡ 103
Ga 31 鎵 ➡ 104	**Ge** 32 鍺 ➡ 105	**As** 33 砷 ➡ 106	**Se** 34 硒 ➡ 107	**Br** 35 溴 ➡ 108	**Kr** 36 氪 ➡ 109

Rb 37 銣 ➜ 112	**Sr** 38 鍶 ➜ 113	**Y** 39 釔 ➜ 114	**Zr** 40 鋯 ➜ 115	**Nb** 41 鈮 ➜ 116	**Mo** 42 鉬 ➜ 117
Tc 43 鎝 ➜ 118	**Ru** 44 釕 ➜ 119	**Rh** 45 銠 ➜ 120	**Pd** 46 鈀 ➜ 121	**Ag** 47 銀 ➜ 122	**Cd** 48 鎘 ➜ 123
In 49 銦 ➜ 124	**Sn** 50 錫 ➜ 125	**Sb** 51 銻 ➜ 126	**Te** 52 碲 ➜ 127	**I** 53 碘 ➜ 128	**Xe** 54 氙 ➜ 129

Cs	Ba	La	Ce	Pr	Nd
55 銫 → 132	56 鋇 → 133	57 鑭 → 134	58 鈰 → 135	59 錯 → 135	60 釹 → 136

Pm	Sm	Eu	Gd	Tb	Dy
61 鉕 → 137	62 釤 → 138	63 銪 → 139	64 釓 → 139	65 鋱 → 139	66 鏑 → 140

Ho	Er	Tm	Yb	Lu	Hf	Ta
67 鈥 → 140	68 鉺 → 141	69 銩 → 141	70 鐿 → 142	71 鎦 → 142	72 鉿 → 143	73 鉭 → 143

W	Re	Os	Ir	Pt	Au
74 鎢 → 144	75 錸 → 145	76 鋨 → 145	77 銥 → 146	78 鉑 → 147	79 金 → 148

Hg	Tl	Pb	Bi	Po	At	Rn
80 汞 → 149	81 鉈 → 150	82 鉛 → 151	83 鉍 → 152	84 釙 → 152	85 砈 → 153	86 氡 → 153

Fr 87 鍅 → 156	**Ra** 88 鐳 → 156	**Ac** 89 錒 → 157	**Th** 90 釷 → 157	**Pa** 91 鏷 → 157	**U** 92 鈾 → 157
Np 93 錼 → 158	**Pu** 94 鈽 → 158	**Am** 95 鋂 → 158	**Cm** 96 鋦 → 158	**Bk** 97 鉳 → 159	**Cf** 98 鉲 → 159
Es 99 鑀 → 159	**Fm** 100 鐨 → 159	**Md** 101 鍆 → 160	**No** 102 鍩 → 160	**Lr** 103 鐒 → 160	**Rf** 104 鑪 → 160
Db 105 𨧀 → 161	**Sg** 106 𨭎 → 161	**Bh** 107 𨨏 → 161	**Hs** 108 𨭆 → 161	**Mt** 109 䥑 → 162	**Ds** 110 鐽 → 162	**Rg** 111 錀 → 162
Cn 112 鎶 → 162	**Nh** 113 鉨 → 163	**Fl** 114 鈇 → 164	**Mc** 115 鏌 → 164	**Lv** 116 鉝 → 165	**Ts** 117 础 → 165	**Og** 118 鿫 → 166

看懂元素介紹表

HOW TO READ FIGURES

原子序

原子量

指的是設定碳-12(^{12}C)1莫耳的質量為12克時,其他元素與碳-12的相對比值。這裡的原子量值,是經過國際純化學暨應用化學聯合會(IUPAC)的原子量委員會認定。此外,對於沒有安定同位素且無法確定原子量的放射性元素,則以〔 〕表示。

(資料取自日本化學會原子量小委員會的「四位數原子量表」。)

元素名稱

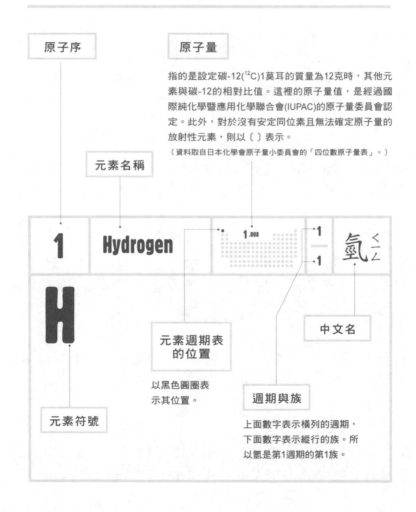

元素週期表的位置

以黑色圓圈表示其位置。

中文名

週期與族

上面數字表示橫列的週期,下面數字表示縱行的族。所以氫是第1週期的第1族。

元素符號

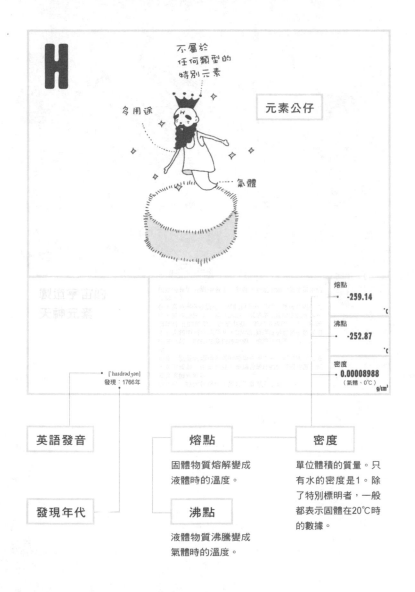

不屬於
任何類型的
特別元素

元素公仔

多用途

氣體

味道平淡的
天神元素

熔點
-259.14
℃

沸點
-252.87
℃

密度
0.00008988
（氣體，0℃）
g/cm³

['haɪdrədʒən]
發現：1766年

英語發音

熔點

固體物質熔解變成
液體時的溫度。

密度

單位體積的質量。只
有水的密度是1。除
了特別標明者，一般
都表示固體在20℃時
的數據。

發現年代

沸點

液體物質沸騰變成
氣體時的溫度。

1 氫 Hydrogen

2 氦 Helium

3 鋰 Lithium

4 鈹 Beryllium

5 硼 Boron

6 碳 Carbon

7 氮 Nitrogen

8 氧 Oxygen

9 氟 Fluorine

10 氖 Neon

11 鈉 Sodium

12 鎂 Magnesium

13 鋁 Aluminium

14 矽 Silicon

15 磷 Phosphorus

16 硫 Sulfur

17 氯 Chlorine

18 氬 Argon

週期
PERIOD

1 → 3

原子序
ATOMIC NUMBER

1 → 18

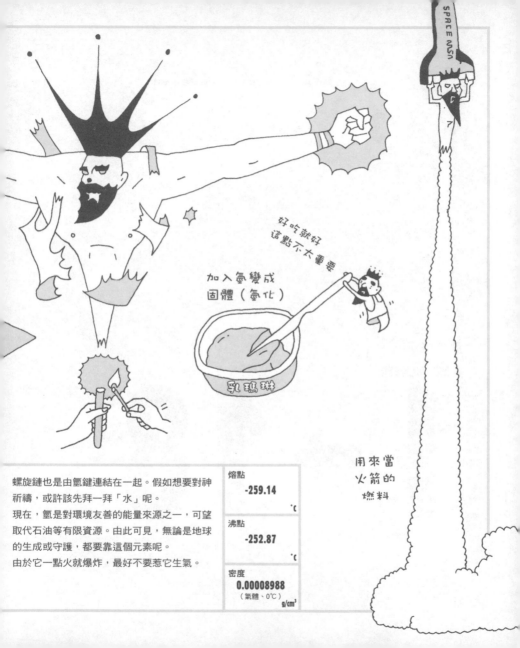

好吃就好
這點不太重要

加入氫變成
固體（氫化）

乳瑪琳

用來當
火箭的
燃料

螺旋鏈也是由氫鍵連結在一起。假如想要對神祈禱，或許該先拜一拜「水」呢。

現在，氫是對環境友善的能量來源之一，可望取代石油等有限資源。由此可見，無論是地球的生成或守護，都要靠這個元素呢。

由於它一點火就爆炸，最好不要惹它生氣。

熔點	-259.14 ℃
沸點	-252.87 ℃
密度	0.00008988（氣體、0℃）g/cm³

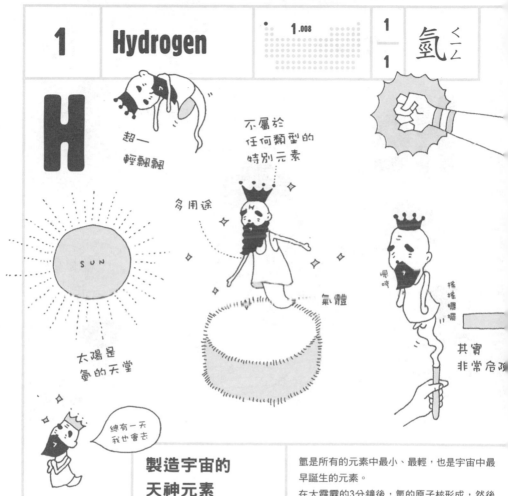

超一
輕飄飄

不屬於
任何類型的
特別元素

多用途

太陽是
氫的天堂

氣體

其實
非常危險

呃啍

搖搖擺擺

總有一天
我也會去

製造宇宙的
天神元素

氫是所有的元素中最小、最輕,也是宇宙中最早誕生的元素。

在大霹靂的3分鐘後,氫的原子核形成,然後氫與氦生成,星球誕生了。換句話說,氫是讓生命誕生的元素。

而地球上的氧氣,也是由氫、氧結合成的「水」中誕生。人體中有六成是水,DNA的雙

[ˈhaɪdrədʒən]
發現:1766年

He

飛行船用

惰性氣體

唉？我穿牆而過了

超流動現象

氣體

在-271℃時會變成沿牆而上的液體

聲音

聲音變高

輕盈無比的偉大氣體

['hiːliəm]
發現：1868年

能讓人聲音變尖或讓氣球漂浮的氦，是孩子們熟悉的元素。它與氫一起在大霹靂後誕生，是歷史悠久的元素。正因為有了氫和氦，其他元素才得以生成。由於這兩種氣體比空氣輕，所以氦就好比是領袖在空中漂浮，俯視其他元素一般。不論哪種物質，都不會與它產生反應，這點和一生氣就容易爆炸的氫很不一樣，算是性情溫和的元素。

熔點
-272.2
（加壓下）
℃

沸點
-268.934
℃

密度
0.0001785
（氣體、0℃）
g/cm³

| 3 | Lithium | • 6.941 | 2 / 1 | 鋰 ㄌㄧˇ |

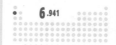

Li

電池的主角

GOOD NIGHT

Lithium ion BATTERY

鹼金屬

產業用

固體

lithium battery

燃燒時是大紅色

鋰的顏色很美

成為煙火的紅色部分

行動時代的方便電源

最輕的金屬就是鋰。其實氫、氦、鋰是在大霹靂時誕生的三兄弟，不過鋰的量卻只有一點點，在宇宙創造期不太活躍。

到了現代，鋰的重要性卻突飛猛進。鋰離子電池對行動電話等行動通訊器材不可或缺。它的重量輕、電源又足，還可以充電。

由於海水中含有鋰，所以目前暫時不必擔心資源會枯竭。

[ˈlɪθɪəm]
發現：1817年

熔點	180.54 ℃
沸點	1340 ℃
密度	0.534 （0℃） g/cm³

Be

其他

有毒

固體

可以耐受
200億次以上
的衝擊

彈簧
之王

很硬
呼

很輕

強度很大

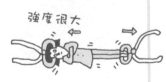

會導致肺部
疾病

POISON

極具才能的
麻煩菁英

鈹是極具才華卻無法飛黃騰達的悲劇性菁英金屬,重量大約是鋁的三分之二,非常輕;但熔點卻是1278℃,非常耐熱。用它製造出的彈簧,可以耐受200億次以上的衝擊。

鈹的粉末具有致命毒性,但是如果不把它製成粉末又無法加工,所以製造時必須加穿防護衣及做好各種保護措施,很費時費力,因此不常使用。

[bəˈrɪlɪəm]
發現:1797年

熔點	**1278±5** ℃
沸點	**2970**（加壓下）℃
密度	**1.8477** g/cm³

B

可製成
耐火墙
的玻璃
PYREX®

電影裡的
人造雪

硼族

固體

用硼酸球
讓蟑螂脫水

有消毒
作用

有助生活的
多變勇者

硼多半是以化合物的形式被使用在各種日用品中。像PYREX®這種耐熱玻璃,專有名詞稱為「硼矽酸玻璃」,就是在玻璃中添加了三氧化二硼,以抑制其膨脹或收縮。

硼與碳化合之後,硬度僅次於鑽石,至於要如何與碳化合,則和化學的功力有關。目前在這個研究領域中,已經產生了兩位獲得諾貝爾獎的化學家。

[ˋboran]
發現:1892年

熔點	2300	℃
沸點	3658	℃
密度	2.34 (β型)	g/cm³

只要鍵結方式
不同，性質就
會很不一樣。

黑鉛

幾乎
所有的
生物

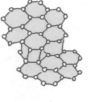

鑽石

奈米碳管

自然界中的碳化合物有

1000萬種以上

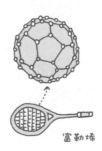

富勒烯

碳具有可以變成各種形態的特性，從鉛筆的筆芯（黑鉛）到鑽石，形狀多變，簡直讓人不敢相信它們居然來自同一種元素。

此外，石油、塑膠、衣服、藥物等等各種不同的事物皆因碳而生，支撐起人類的進化史。還有最近的奈米碳管，也是受人注目的新話題。

熔點	
3550（鑽石）	℃

沸點	
4827（昇華）	℃

密度	
3.513（鑽石）	g/cm³

碳族

多用途

固體

能夠變化成
各種形體

讓水
變乾淨

活性碳

讓空氣
變清淨

自古以來
就是生活中
的好朋友

木炭

可以製成寫書法用的墨

炭

構成所有生物的根本元素

[ˈkarban]
發現：古代

碳可以說是「生命之源」，它是製造生物以及食物的基本元素。「食物鏈」這個詞，甚至可以換個方式說是「碳的往返」。碳水化合物和蛋白質等生存必需的營養，全都是碳的化合物；細胞與DNA也都缺不了碳。而植物的光合作用會先從二氧化碳製造出碳水化合物，然後我們再去食用這些植物。

急旋

可以當肥料

讓炸藥爆炸很危險

多用途

氣體

TRINITRO TOLUENE
TNT
三硝基甲苯

哐啷

被液態氮降溫到 -196℃

空氣中有八成是氮

外表親切的火爆浪子

氮在空氣中佔了大約八成，是個相當重要的元素。它可以構成DNA，以及人體蛋白質基礎的胺基酸。

雖然乍看之下似乎很溫和，事實上並非如此。像是三硝基甲苯或是烈性炸藥等，所有炸藥幾乎都是氮的化合物。

另外，氮和氧化合時，還有著會造成空氣汙染（氮氧化物）這樣的黑暗面。

[ˈnaɪtrədʒən]
發現：1772年

熔點	**-209.86** ℃
沸點	**-195.8** ℃
密度	**0.0012506**（氣體、0℃）g/cm³

| 8 | **Oxygen** | 16.00 | 2 / 16 | 氧 ㄧㄤˋ |

氧族

由植物的
光合作用
製造出來

多用途

氣體

臭氧層會吸收
紫外線

O_3＝臭氧

OXYGEN

燃燒
＝
跟氧氣
結合

努力不懈的
地球守護者

[ˈɑksɪdʒən]
發現：1774年

氧在空氣中約佔兩成，是由植物行光合作用所製造出來的，它也是生物不可或缺、維持生命的重要元素。
此外，火必須消耗氧氣，才有辦法燃燒。氧也形成了阻隔太陽紫外線的臭氧層。
我們經常聽到「氧化」這個詞，是指氧能夠和各種物質結合使性質產生變化；它可以讓金屬生鏽，也能讓東西腐敗。

熔點
-218.4
℃

沸點
-182.96
℃

密度
0.001429
（氣體、0℃）
g/cm³

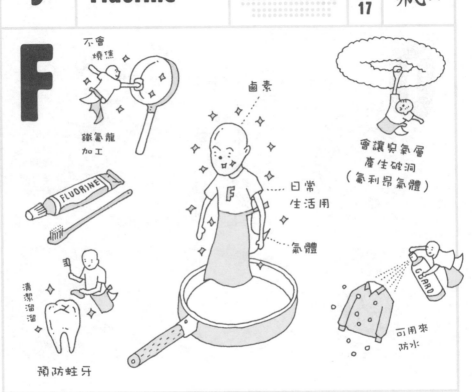

不會燒焦

鐵氟龍加工

FLUORINE

清潔溜溜

預防蛀牙

鹵素

日常生活用

氣體

會讓臭氧層產生破洞（氟利昂氣體）

可用來防水

身懷劇毒的清潔工

說到氟就一定會想到「預防蛀牙」及「平底鍋」。氟可以附著在牙齒表面，讓牙齒不容易被蛀牙菌侵蝕，也可幫助修復牙齒。此外，若是在平底鍋或傘的表面加一層碳氟聚合物保護，異物不易附著，容易去除水或油。

氟單獨存在時有劇毒，並且因活性大而很難製備。首次成功分離出氟的亨利·摩依森（Henri Moissan）還因此獲得諾貝爾化學獎。

［fluə.rɪn］
發現：1886年

熔點
-219.62
℃

沸點
-188.14
℃

密度
0.001696
（氣體、0℃）
g/cm³

10	**Neon**	⣿⣿⣿ 20.18 ⣿⣿⣿ •	2	氖 ㄋ 　 ㄞˇ
			18	

Ne

放電時
會發出紅光

惰性氣體

專業用

氣體

NEON SIGN

亮了!

1912
在巴黎蒙
馬特首次
點亮了霓
虹燈

製造出
雷射光

點亮巴黎的
黑夜主角

［nian］
發現：1898年

夜晚的街道上常可看到發出閃亮七彩光芒的
霓虹燈。這是將氖封進玻璃管中放電所產生
的光。霓虹燈首次在街道上散發光芒,是在
1912年的巴黎蒙馬特。雖然氖本身是無色且極
安定的氣體,但只要一放電就會發出偏紅的橘
色光。它還可以跟其他元素混合,變換出各種
顏色;像與氦混合是黃色、與水銀混合是青綠
色、與氬混合是紅色或藍色。

熔點
-248.67
℃

沸點
-246.05
℃

密度
0.00089994
(氣體、0℃)
g/cm³

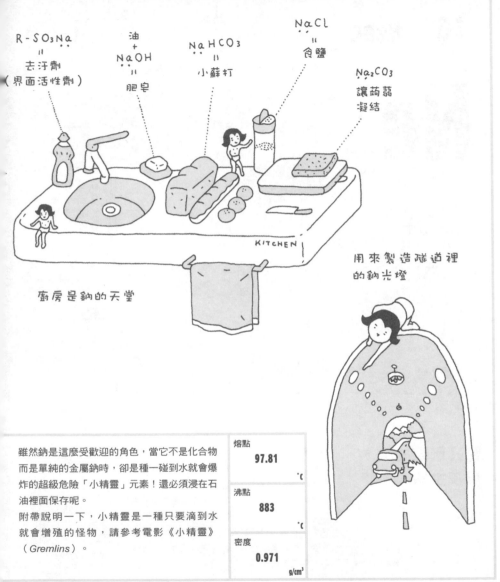

R-SO₃Na
‖
去汙劑
（界面活性劑）

油
＋
NaOH
‖
肥皂

NaHCO₃
‖
小蘇打

NaCl
‖
食鹽

Na₂CO₃
讓蒟蒻
凝結

KITCHEN

廚房是鈉的天堂

用來製造隧道裡
的鈉光燈

雖然鈉是這麼受歡迎的角色，當它不是化合物
而是單純的金屬鈉時，卻是種一碰到水就會爆
炸的超級危險「小精靈」元素！還必須浸在石
油裡面保存呢。
附帶說明一下，小精靈是一種只要滴到水
就會增殖的怪物，請參考電影《小精靈》
（Gremlins）。

熔點	
97.81	℃
沸點	
883	℃
密度	
0.971	g/cm³

11	Sodium	22.99	3 / 1	鈉 ㄋㄚˋ

Na

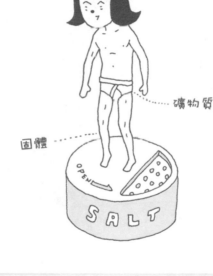

鹼金屬

礦物質

固體

黃色的火酸

會飛出來

會和水起反應而爆炸

泡澡時的入浴劑

熱愛家事的媽媽幫手

鈉的化合物非常喜歡做家事。「食鹽」（氯化鈉）、「味精」（麩胺酸鈉）、「發粉」（碳酸氫鈉）都是專門負責廚房事務。

在洗滌方面，「漂白劑」（次氯酸鈉）和肥皂也都是用鈉製造的。浴室中，有些泡泡浴粉也是碳酸氫鈉，其中的鈉讓二氧化碳可以嘶嘶嘶的生出泡泡。

[ˈsodiəm]
發現：1807年

12	**Magnesium**	24.31	$\frac{3}{2}$	鎂 ㄇㄟˇ

Mg

燒起來
很亮

其他

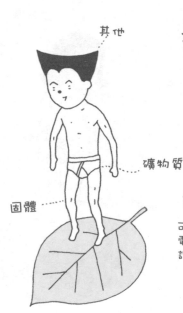

礦物質

固體

既輕又
堅固

可以製作
電腦等行動
設備的機身

在豆腐裡面
也有鎂

也可以
製成磚頭

無所不能的
模範生

[mæg`niʃɪəm]
發現：1808年

鎂比鋁輕，卻具有鋼鐵般的強度。它能阻隔電磁波避免外漏，卻能讓熱直接釋出。由於它具備這些便利的性質，所以拿來製造筆記型電腦或行動電話的機身。

雖然我們可能因此認定它是數位狂，實際上它也被用在豆腐的鹽滷中，而且還是讓植物呈現綠色（葉綠素）的重要元素。此外，它也可以製成預防便秘的藥品，真是高深莫測呀！

熔點	**650** °C
沸點	**1095** °C
密度	**1.738** g/cm³

13　Aluminium

26.98

3 / 13

鋁 ㄌㄩˇ

Al

藍寶石

高壓電線是鋁製的

硼族

日常生活用

真能幹

有些公事包的外殼是鋁合金

鋁門窗

固體

生活週遭各個角落都看得到

電很容易通過

日幣1圓的材料

etc.

標誌牌

鋁罐

地球上最多的金屬元素

鋁是很輕、容易加工且極易通電的金屬。它加工不易生鏽，再加上價錢很便宜，因此普及度第一名。此外，它可以和不同金屬製成各種性質的合金，製作出1圓日幣、鋁箔紙、鋁門窗或飛機的機身等不同的成品。

它還具有保護胃黏膜的作用，像治療胃潰瘍的藥「舒可來錠」就含有鋁化合物，目前經常被使用，這點也反映出現代社會的壓力。

[.æljə`mınıəm]
發現：1807年

熔點	660.37 ℃
沸點	2520 ℃
密度	2.698 g/cm³

SiO₂
玻璃

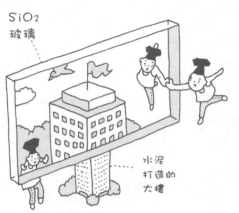

水泥
打造的
大樓

光 FIBER

製成光纖

INTERNET

LSI TECHNOLOGY

大型積體電路

水晶

躍在我們身邊，像奶瓶上的奶嘴或變性人的人工乳房等都是。

含有二氧化矽的矽藻土耐火性佳，是很受歡迎的住宅壁材。

以致癌性成為問題的石綿，主要成分也是二氧化矽。由於二氧化矽呈細纖維狀，所以才會刺進肺中，其實矽本身是沒有毒的。

溶點	**1410** ℃
沸點	**2355** ℃
密度	**2.329** g/cm³

潤髮乳

Si

碳族

電腦迴路的素材

多用途

半導體

固體

簡單的說，就是沙子。

嘿嘿嘿

「矽膠」是用矽製成的橡膠

可以製成各種器皿

來自沙漠的數位工匠

['sılıkən]
發現：1823年

不知道矽是什麼東西的人，請看看沙子。矽在沙子、石英或水晶中，是以二氧化矽或矽酸鹽的形式存在。

它是地球上含量僅次於氧的元素。雖然自古因質地堅硬，被用來製作玻璃，但在現代卻能打造出數位社會的重鎮（矽谷），並且成為半導體或太陽能電池的重要材料。此外，矽膠也活

15 Phosphorus

30.97

3 / 15

磷 カラ

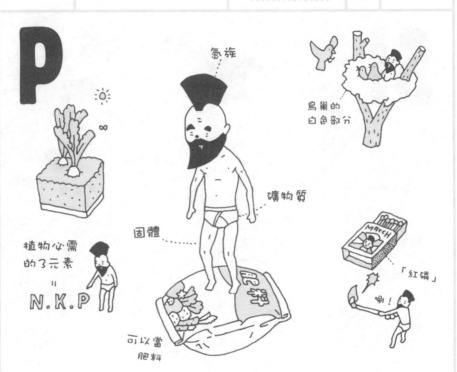

氣族

鳥巢的白色部分

礦物質

固體

植物必需的3元素 = N.K.P

「紅磷」

可以當肥料

尿液中發現的活潑寶寶

正當日本處於水戶黃門大人（1628-1701年）十分活躍的時期，德國的鍊金術士則從尿液蒸發的實驗中發現了磷。

磷有白磷、紅磷、紫磷等不同顏色。其實它是人類的DNA及細胞膜不可缺少的元素。在農業上，磷肥也是必需的養分。雖然在1995年奧姆真理教事件中所使用的沙林毒氣也是磷化合物，不過沙林非常特殊，平常幾乎不會製造。

[ˈfasfərəs]
發現：1669年

熔點
44.2
（白磷）
℃

沸點
279.9
（白磷）
℃

密度
1.82
（P_4）
g/cm³

S

氧族

塗在皮膚上

藥用

盤尼西林
是抗生素

存在頭髮的
角質中

固體

多用途

嗚嗚

讓洋蔥及大蒜
辛辣的原因

好臭!

橡膠 + 硫

變成輪胎

活力充沛的
臭小子

無論是飄盪在溫泉區的臭雞蛋味，或者是洋蔥與大蒜的臭味，其實都是硫或硫化物的味道。不過「良藥刺鼻」，硫以胺基酸的形式對健康做出許多貢獻，也從各種疫病中拯救了許多性命，例如最早的抗生素「盤尼西林」中就含有硫。但另一方面，二氧化硫卻形成破壞地球環境的「酸雨」。總而言之，重點是看我們要怎麼善用它的特性。

[ˈsʌlfə]
發現：古代

熔點
112.8
（斜方晶體）
°C

沸點
444.674
°C

密度
2.07
（斜方晶體）
g/cm³

Cl

游泳池消毒

Cl

齒素

多用途

氣體

氯是一種劇毒

鹽也是氯的化合物

SALT

氯化鈉

廁所清潔

廚房漂白水

清潔劑

漂白水

見不得髒的超級潔癖

可能有不少人在游泳池裡撿過池底的氯錠吧。由於氯具有強烈的殺菌、漂白作用，所以常被用來當做游泳池水或自來水的殺菌劑。也因為這個發現，才得以根絕霍亂或傷寒等全球傳染病。不過在第一次世界大戰的時候，它也被拿來作為毒氣武器。

它經常以「聚氯乙烯」（PVC）的形式製成水管或橡皮擦等日常生活用品。

[klorin]
發現：1774年

熔點
-100.98
°C

沸點
-33.97
°C

密度
0.003214
（0℃）
g/cm³

| 18 | **Argon** | 39.95 | 3 / 18 | 氬 一ㄢˋ |

Ar

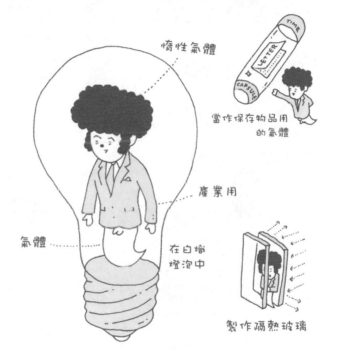

惰性氣體

當作保存物品用的氣體

產業用

氣體

在白熾燈泡中

製作隔熱玻璃

0.93%

O

N

空氣中含量第三多的元素

我行我素的獨行俠

氬平常不會和別的東西產生反應，任何放在空氣中會氧化的東西，只要保存在氬之中，就不會起變化，因此可用來保存古老文書或一些容易與氧或氫起反應的物質。

家裡的白熾燈泡中，也有氬的存在。由於它容易放電，所以被封進玻璃中。

順便提一下，在地球大氣中有78%的氮、21%的氧，剩下的1%大部分是氬。

[ˊargan]
發現：1894年

熔點
-189.37
℃

沸點
-185.86
℃

密度
0.001784
（氣體、0℃）
g/cm³

19 鉀 Potassium

20 鈣 Calcium

21 鈧 Scandium

22 鈦 Titanium

23 釩 Vanadium

24 鉻 Chromium

25 錳 Manganese

26 鐵 Iron

27 鈷 Cobalt

28 鎳 Nickel

29 銅 Copper

30 鋅 Zinc

31 鎵 Gallium

32 鍺 Germanium

33 砷 Arsenic

34 硒 Selenium

35 溴 Bromine

36 氪 Krypton

週期
PERIOD
4

原子序號
ATOMIC NUMBER

19 → 36

硝酸鉀
（KNO₃）
可製成
火柴頭

洗洗
刷刷

1

2

3

4

把植物中的鉀
溶於水可製成
洗潔劑

更有趣的是，它的每種化合物的性質都不同。除了硫酸鉀和氯化鉀可以被當成肥料使用之外，鉀和脂肪酸合成的鉀鹽則被用來製作肥皂。

鉀在我們生活周遭非常活躍，其中還包括有名的毒藥「氰化鉀」，其實就是鉀和氰化氫所合成的鉀鹽。

熔點	63.65 ℃
沸點	774 ℃
密度	0.862 (-80℃) g/cm³

由於會自燃
需要放在
油中保存

| 19 | **Potassium** | 39.10 / 1 | 4 / 1 | 鉀 ㄐ一ㄚˇ |

K

鹼金屬

礦物質

固體

芫荽、紫菜、
昆布、番茄等
含鉀量高

柔軟的
金屬

存在電視的
映像管中

易溶化

HAND
SOAP

讓洗手乳
呈液狀

便秘的人可以使用

幫助代謝廢物
排到體外

精神飽滿的
礦物元素

鉀是極具代表性的人體必需礦物質，也是培育
農作物必備的三大類肥料之一，在細胞中和同
屬礦物質的鈉是好搭檔。

一般來說，細胞外以鈉離子居多，細胞裡則是
以鉀離子較多。由於這兩種離子的來往流通，
讓神經能夠傳導、肌肉可以收縮。

鉀也能和各種不同物質化合為鹽類（鉀鹽），

[pəˋtæsɪəm]
發現：1807年

大理石也含鈣
（碳酸鈣）

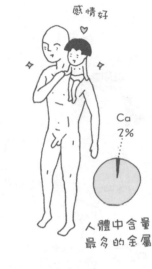

感情好

Ca
2%

人體中含量
最多的金屬

日本傳統的
「灰泥牆」
也含鈣

好漂亮

貝殼

珍珠

鐘乳石洞
也是

雪季時
可防止
路面結凍

它單獨存在的時候是銀白色的金屬。其實不只是鈣，所有礦物質幾乎都是金屬元素；而人的身體裡竟然會有金屬存在，怎麼想都覺得有點不可思議。

要附帶說明的是，以營養素來說，和礦物質一樣常被提及的「維生素」，是屬於在體內讓酵素產生作用的有機化合物，並不是元素。

熔點	839	℃
沸點	1484	℃
密度	1.55	g/cm³

| 20 | Calcium | 40.08 | 4 / 2 | 鈣 《ㄞˇ |

Ca

鹼土金屬

礦物質

固體

BONE

在牛奶和優格中含量很多

牛乳 MILK

燃燒時會發出橘色光

可以製成粉筆

優格

讓牙齒閃亮的白衣專家

[ˋkælsɪəm]
發現：1808年

鈣在優格和牛奶中含量很高，可以說是為人熟知且最主流熱門的元素之一。

一般成年人體內約含有1公斤的鈣，大部分存在骨頭及牙齒中。構成骨骼的主要成分稱為「磷酸鈣」，近來已經可由人工製造出來，所以不喜歡鑲金牙銀牙的人，現在就可以安心接受人工植牙手術。

Sc

過渡金屬

從高處俯瞰

產業用

固體

只要一發光就非常亮

可以裝在金鹵燈中

STADIUM

哼

不知民間疾苦

總之很貴啦！

罕見又昂貴的上流人士

通常原子序較小的元素都是主流且常見的元素，不過釩卻很少有機會被看到，因為它的價格很高。它是跟鋁性質很接近的輕金屬，但熔點卻是鋁的一倍。

它也是今後很受期待、富有潛力的元素。只要密封到發光管中，亮度會是鹵素燈的二倍以上，再加上壽命長及消耗電力少，所以現在多被用來製作運動場照明燈或高級車的車燈。

[ˈskændɪəm]
發現：1879年

熔點	1541	℃
沸點	2831	℃
密度	2.989	g/cm³

22	**Titanium**	**47**.87	4 / 4	鈦 去 ㄞˇ

Ti

過渡金屬

可去除水滴

分解髒汙

二氧化鈦塗料

產業用

日文辭典《廣辭苑》的用紙

固體

製作眼鏡框

GOLF HEAD

很耐腐蝕

超級實用的聰明金屬

從眼鏡、耳環、高爾夫球桿頭到化妝品，鈦支援著我們的生活。一直到30年前，它還只是用來製造潛水艇或戰鬥機的特殊金屬。

鈦很難離子化，不會溶在海水或化學物質中，所以對金屬過敏的人也可以使用。它既輕又具有高強度，存量也很豐富。

以前很難從礦石中將鈦取出，直到最近才開發出這種技術，讓一般人也能使用到它。

[taɪ`tenɪəm]
發現：1795年

熔點	1760 °C
沸點	3287 °C
密度	4.54 g/cm³

| 23 | **Vanadium** | 50.94 | 4 / 5 | 釩 ㄈㄢˊ |

V

保健用品

過渡金屬

多用途

固體

釩鋼非常堅硬

Mt. FUJI

可做藍色顏料
（稱為「釩鉻藍」或「土耳其藍」）

重視健康者的注目焦點

或許有些人知道釩是可以用來保健的吧！據說釩是一種能夠降低血糖的礦物金屬，不過關於實際的效果如何，則是眾說紛紜。

由於釩在富士山麓的地下水中含量豐富，所以這裡的水又被稱為「釩水」。

此外，在羊栖菜（一種海藻）、海苔，以及某一種海鞘的血液中也含有釩。

[vəˋnedɪəm]
發現：1830年

熔點	1887 ℃
沸點	3377 ℃
密度	6.11 （19℃） g/cm³

24	Chromium	52.00	4 / 6	鉻 ㄍㄜˋ

Cr

過渡金屬

產業用

固體

電鍍鉻

不生鏽

不鏽鋼合金
Fe・Ni・Cr

讓翡翠或
紅寶石帶有
美麗的顏色

六價的鉻
有毒

鉻黃色是
很漂亮的
黃色

CHROME YELLOW

色彩多變的
藝術家

[ˈkromɪəm]
發現：1797年

鉻以前曾經是行情大跌的金屬。它之所以成為歷史上公害事件的原因，就是因為一種有毒的「六價鉻」。不過同樣是鉻，「三價鉻」卻是人體必需的微量元素，也是讓翡翠和紅寶石成色的主要成分。此外，「鉻綠」也是受人喜愛的繪畫顏料。

不會生鏽的不鏽鋼，是鐵、鎳與鉻的合金，現在可是非常普遍。

熔點	1857 °C
沸點	2672 °C
密度	7.19 g/cm³

| 25 | **Manganese** | 54.94 | 4 / 7 | 錳 ㄇㄥˇ |

Mn

Fe + Mn
=
非常硬的合金

過渡金屬

產業用

固體

瀨戶大橋
是用錳鋼蓋的

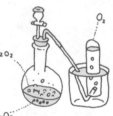

O_2

H_2O_2

MnO_2
（二氧化錳）

很熟悉的化學
實驗材料

老派勤奮的
工作者

[ˋmæŋgə.nis]
發現：1774年

錳是在地上或海中都含量豐富的一種海洋資源。它因為是乾電池的原料而廣為人知。錳電池自1800年代發明後就一直很活躍，但最近已經交棒給鹼性電池了。說是這麼說，其實兩種電池只是結構不同，成分並沒有什麼改變，算是分家給下一個世代而已。

錳也是維持人體代謝的必需礦物質，真可說是無名英雄啊！

熔點	1244 ℃
沸點	1962 ℃
密度	7.44 g/cm³

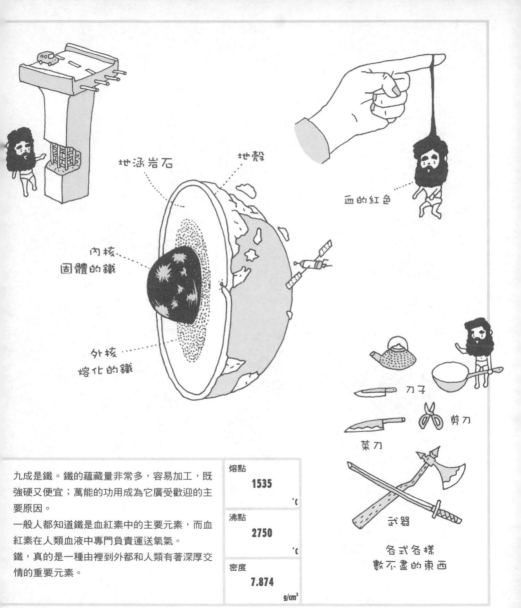

地函岩石

地殼

內核
固體的鐵

外核
熔化的鐵

血的紅色

刀子

剪刀

菜刀

武器

各式各樣
數不盡的東西

九成是鐵。鐵的蘊藏量非常多，容易加工，既強硬又便宜；萬能的功用成為它廣受歡迎的主要原因。

一般人都知道鐵是血紅素中的主要元素，而血紅素在人類血液中專門負責運送氧氣。

鐵，真的是一種由裡到外都和人類有著深厚交情的重要元素。

熔點	1535	℃
沸點	2750	℃
密度	7.874	g/cm³

| 26 | Iron | | 55.85 | 4 / 8 | 鐵 _{ㄊㄧㄝˇ} |

Fe

過渡金屬

礦物質

固體

製造電車

造船

製造汽車

製作暖暖包
的原料

可以做成
磁帶

開拓文明的
命運齒輪

[ˈaɪən]
發現：古代

由於「鐵的發現」，讓使用石器的古代人類開始走向文明的分界點。

最早開始製鐵的民族，是西元前15世紀左右在土耳其建立王國的西臺人。他們在國家滅亡後分散到各地，也把製鐵技術傳遍世界；據說這就是鐵的發展轉捩點。之後，鐵就逐漸融入了人類的生活中。

現今世界上被用來製造用具的金屬中，大約有

Co

eye wash

粉紅色眼藥水

永久磁鐵

過渡金屬

產業用

固體

沒有鈷就不能作畫

鈷藍顏料

COBALT BLUE

cobalt GREEN

鈷綠顏料

穿藍衣的數位技師

「鈷藍」顏料所呈現出那深邃澄澈的藍色，就是鈷最吸引人的地方。以前的人在銀礦山裡採不到銀的時候，會以為是山精在惡作劇，他們害怕地把山精叫做「Cobalt」（大地的妖精），這就是鈷的名字由來。

現在，鈷因為對磁性敏感而被使用在電腦硬碟上，展現出多采多姿的活躍樣貌，完全洗清了原先令人害怕的名聲。

[ˈkobɔlt]
發現：1737年

熔點	1495 °C
沸點	2870 °C
密度	8.9 g/cm³

28	**Nickel**	58.69	4/10	鎳 ㄋㄧㄝˋ

過渡金屬

以太陽能電池
光電板讓
鎳氫電池充電

產業用

固體

記形鋼圈
胸罩

JET ENGINE
製造引擎　耐高溫

記性極佳的
愛錢一族

銅與鎳的合金（白銅）在日本被拿來製成100日圓及50日圓硬幣；在美國則是5分硬幣的原料※，算得上是實力堅強。

雖然全世界年產100萬噸的鎳，不過使用上卻以合金居多，其中又以和鐵合成的不鏽鋼最為普遍。鎳如果和鈦結合，可以製成記憶形狀的合金。最近，鎳則因為是可充電重覆使用的環保「鎳氫電池」的原料而特別受到重視。

[ˋnɪk]]
發現：1751年

熔點	1455	℃
沸點	2890	℃
密度	8.902	g/cm³
	（25℃）	

※譯註：台灣的10元硬幣也是白銅材質。

29	Copper	63.55	4/11	銅 ㄊㄨㄥˊ

Cu

銅像

過渡金屬

礦物質

固體

存在章魚、
蜘蛛、蝸牛等
動物的血液中

銅線

10日圓硬幣
是青銅材質

導電性
很好

永遠受寵的
一級棒金屬

[ˈkapə]
發現：古代

在伊拉克北部的遺跡中，發現了西元前9000年的銅球，是「人類使用過最古老的金屬」。
雖然銅的熱傳導性高，也容易加工，但是因為過於脆弱，一開始只拿來製成日用品。
由於銅錫合金「青銅」的開發，誕生了劃時代的堅固武器、祭品、樂器、農耕用具等，也分割出西元前後的歷史。真是個深奧的元素，值得頒給它金牌而不是銅牌。

熔點	1083.5 ˚C
沸點	2567 ˚C
密度	8.96 g/cm³

30	Zinc	65.38	4	鋅 ㄒ一ㄣ
			12	

Zn

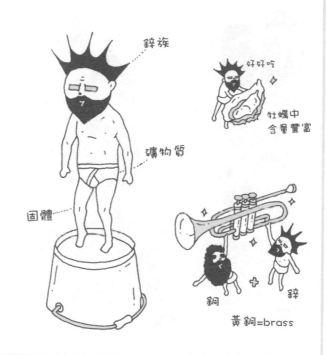

鋅族

好好吃

牡蠣中含量豐富

礦物質

固體

鐵上面鍍鋅

浪板可以蓋在屋頂或桶子上

銅 ＋ 鋅

黃銅＝brass

講究味覺的美食家

鋅是人體必需的礦物質，在人體中含量僅次於鐵。它幫忙構成舌頭上的味蕾細胞，一旦缺乏，就會變成沒有味覺的「味盲」。

鋅是優秀的金屬，生鏽了也看不出來，適合製造屋頂浪板（在鐵上面鍍鋅製成）。

而稱為「黃銅」的鋅銅合金，使用度很廣泛。此外，鋅也是會發藍光的發光二極體（LED）原料，重要性正逐漸增加中。

[zɪŋk]
發現：中世紀

熔點	419.58 ℃
沸點	907 ℃
密度	7.133 g/cm³

Ga

發藍光的
發光二極體
(LED)

硼族

讀取光碟的
雷射頭

產業用

固體

近來
很受歡迎

電玩族的
親密戰友

「鎵？那是什麼？我不需要啊。」千萬別這麼想喔，鎵可是Play Station 3及藍光光碟中不可或缺的元素。

鎵多半是使用在半導體與發光二極體上，最近的視訊機器導入了氮化鎵的半導體雷射技術。這讓原本高難度的藍色發光技術成為可能，讓數位科技得以表現出更豐富的全彩。

[ˈgæliəm]
發現：1875年

熔點	
29.78	℃

沸點	
2403	℃

密度	
5.907	g/cm³

Ge

碳族

產業用

固體

早期的
鍺收音機

好懷念喔

TRAN-SISTOR

在照相機的
廣角鏡頭裡
也有

最近
人氣缺缺

成就過往的
美好音樂

[dʒɜˋmeɪnɪəm]
發現：1885年

雖然名字聽起來有點拗口，不過卻能引發音響迷的懷舊心情。1953年SONY製造了全世界第一架電晶體收音機，它的核心部分就是使用了鍺。雖然它在半導體的黎明時期很活躍，現在卻因為其他元素的抬頭，而讓它有點淡出電子科技產業的圈子。

最近經常聽見它的名字，都是在大家提到具有健康效果的「鍺溫浴」等健康用品上。

熔點
937.4
°C

沸點
2830
°C

密度
5.323
g/cm³

As

氮族

專業用

固體

和鎵、鋁組合

可以製造
半導體

在海藻中
也有
（有機砷）

印象
變差　　傷腦筋

都是毒咖哩事件害的
（亞砷酸是
無機砷化物）

人體內
也有

可製成藥品

冷酷無比的
黑暗騎士

［ˋarsənɪk］
發現：中世紀

在1998年「和歌山毒咖哩事件」中躍升為熱門話題的砒霜，就是稱為「亞砷酸」的砷化合物；這也是害死拿破崙，以及《四谷怪談》中害死女主角阿岩的毒藥。由於它會阻斷體內的酵素作用且無色無味，所以很容易混在食物中卻不被察覺。不過，含在羊栖菜等海藻中的有機砷並不會引起中毒。
事實上，砷可是一種超厲害的半導體材料呢。

熔點
817
（金屬性、加壓下） ℃

沸點
616
（昇華） ℃

密度
5.78
（金屬性） g/cm³

34	**Selenium**	78.96 ·	4 / 16	硒 ㄒㄧ

Se

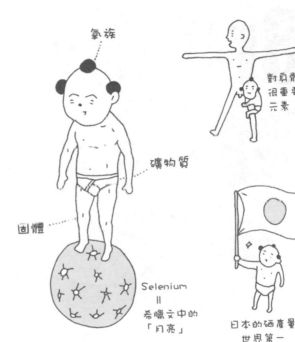

氧族

對身體很重要的元素

礦物質

固體

Selenium = 希臘文中的「月亮」

日本的硒產量世界第一

製造高樓大廈的外牆玻璃

好壞兼具的雙面人

硒和硫果然是同一族，它們都很臭！
硒是人體新陳代謝的必要元素，一旦缺乏就會導致免疫力降低；若攝取過量，卻是會引發腸胃障礙的有害元素！由於缺乏與中毒只是一線之隔，所以攝取量很難拿捏。它廣泛含於穀類、蔬菜、牛肉、蛋及花生等食物中。
此外，硒也具有光傳導效果，在夜間攝影用的相機中也很活躍。

[se`liniəm]
發現：1817年

熔點
217 ℃

沸點
684.9 ℃

密度
4.79 （灰色固體） g/cm³

Br

鹵素

專業用

液體

3 噗！

紅色液體 ＝ 劇毒

溴化銀

＝
沖洗照片用

波妞
波妞

在海水裡
也有

臭名遠播的
浪漫貴族

1826年，兩位23歲的法國學生巴拉德及雷維希發現了溴；因此，溴可以說是個洋溢著青春氣息的元素，但實際上它聞起來滿臭的。

溴存在某種海螺體內，呈現美麗的紫色，所以在古代歐洲及日本，都用來染貴族們的衣服。

溴化銀是傳統底片的感光材料，使用傳統相機可少不了它。

［ˋbromin］
發現：1826年

熔點	-7.3	℃
沸點	58.78	℃
密度	3.1226 （液體、20℃）	g/cm³

36	Krypton	83.80	4 / 18	氪 ㄎㄜˋ

Kr

非常
稀有

很難找到

惰性氣體

專業用

氣體

超人的故鄉星球
叫做氪星

非常亮

氪燈泡

星光閃閃的
閃光超人

大家都知道美國著名的漫畫英雄「超人」，他的故鄉就是在「氪星」。氪的名稱，其實含有「祕密」的意思，因為氪這種元素非常難發現，才會有這樣的名稱。

把氪封進電燈泡裡，功率會比封入氫的一般白熾燈泡高，而且還能做得比較小，叫做「氪燈泡」。另外，它也被使用在閃光燈上。

['krɪptan]
發現：1898年

熔點	**-156.6** ℃

沸點	**-152.3** ℃

密度	**0.0037493**（氣體、20℃）g/cm³

37 銣 Rubidium	**38** 鍶 Strontium	**39** 釔 Yttrium	**40** 鋯 Zirconium	**41** 鈮 Niobium	**42** 鉬 Molybdenum
43 鎝 Technetium	**44** 釕 Ruthenium	**45** 銠 Rhodium	**46** 鈀 Palladium	**47** 銀 Silver	**48** 鎘 Cadmium
49 銦 Indium	**50** 錫 Tin	**51** 銻 Antimony	**52** 碲 Tellurium	**53** 碘 Iodine	**54** 氙 Xenon

原子序
ATOMIC NUMBER

37→54

Rb

可以調查
岩石的年齡

用來做電視
真空管的玻璃

鹼金屬

專業用

固體

原子鐘的
誤差約為
3萬年1秒

放進水中會
引發大爆炸

推測宇宙年代的計時員

「嗶嗶砰！」日本NHK電視台的報時器，就是使用鉫的原子鐘。這是一種利用鉫的能量變化來計時的時鐘，誤差大概是每3萬年1秒左右，可說是相當準確。

此外，具有放射性的鉫，半衰期約488億年，所以只要計算出地球礦石或來自宇宙的隕石裡的鉫元素殘量，就能大致推測出那是多久以前的東西。

[ru`bɪəm]
發現：1861年

熔點
39.1
°C

沸點
688
°C

密度
1.532
g/cm³

38	**Strontium**	87.62 •	5 / 2	鍶ㄙ

紅色

製造發煙筒

鹼土金屬

專業用

固體

煙火中的鮮紅色

碎！

FIREWORK

具有溫柔心腸的火球大哥

夏天施放的煙火中，最醒目的紅色煙火便是鍶。雖然鹼金屬和鹼土金屬元素各呈現出不同的火焰顏色，但鍶是其中最為獨特與顯眼的元素，所以也被用來製作汽車配備中的發煙筒。它在鹼土金屬中屬於大哥級元素，和鈣一樣容易被骨頭吸收，所以在診斷或治療骨癌時，也會使用到具放射性的鍶。

[ˋstranʃɪəm]
發現：1787年

熔點	**769**	℃
沸點	**1384**	℃
密度	**2.54**	g/cm³

| 39 | **Yttrium** | 88.91 | 5 3 | 釔ㄧˇ |

雷射光筆

過渡金屬

LASER

焊接

產業用

固體

加工

LASER

製造汽車
的車燈

雷射界的
開路先鋒

當我還在調皮搗蛋的年紀時，曾經對著每個人發射過「雷射光」，而所謂的「LASER」，其實是「以輻射的受激發射使光波放大」的意思，還真難懂呢。

釔被使用在雷射的代表「YAG雷射」中。這是由於釔及鋁的氧化物形成的結晶，可以發出強烈的雷射光。在焊接、醫療手術中也很常見。

[`ɪtrɪəm]
發現：1794年

熔點
1522
°C

沸點
3338
°C

密度
4.469
g/cm³

Zr

製成刀子或剪刀

製成陶瓷

非常堅硬
不會生鏽

過渡金屬

固體

多用途

在這裡也有

SPACE SHUTTLE
太空梭

牙齒

跟真的鑽石
一模一樣

原子爐中也有

耀眼奪目的
山寨鑽石

開始進入大人階段的少女，或是在客廳、飯廳忙碌著的家庭主婦，都很喜愛這個元素。只要經過加工，錯就會變成酷似鑽石的結晶（蘇聯鑽），發出如同鑽石般的光輝，製成極受喜愛的飾品。另一方面，只要把錯的氧化物粉末燒硬，就可以製成比金屬硬又不會生鏽的「高精密陶瓷」。這可以用來製成有白色刀刃的剪刀或菜刀，是廚房中最佳用具。

[zə`koniəm]
發現：1789年

熔點	1852	°c
沸點	4377	°c
密度	6.506	g/cm³

41	Niobium	92.91	5 / 5	鈮 ㄋㄧˊ

Nb

過渡金屬

暢行無阻

極低溫下
是超導體

產業用

鐵　鈮

強度大

變成鈮鐵

固體

鈮鐵變成
輸送管

磁浮列車的
電磁力

成就未來便利的
科技先驅

由於鈮和原子序73的鉭非常相似，它們兩者的名稱也分別源自希臘神話中的坦塔羅斯（Tantalus）與女兒妮娥碧（Niobe）。

鈮可以使用在噴射機引擎、太空梭機身或磁浮列車動力。這麼現代的流行元素，和它那聽起來甜甜的名字很不一樣。鈮加上鋼會變成非常耐熱的合金，電流通過時不會損耗（超導現象），是很好的電磁鐵原料。

[naɪˋobɪəm]
發現：1801年

熔點	2468 °C
沸點	4742 °C
密度	8.57 g/cm³

42	Molybdenum	95.94 •	5 / 6	鉬ㄇㄨˋ

Mo

廁所裡的馬桶座

過渡金屬

日常生活用

固體

鉬鋼是最棒的鋼

潤滑劑

多元經營的冶煉工

鉬與鐵合金稱為「鉬鋼」，是不易生鏽且具超群強度的金屬。

鉬鋼製成的菜刀很鋒利，一把就要好幾萬日圓。在那些製造噴射機腳架、火箭引擎等特殊機械材料的場所也很活躍。

近來發現，只要使用鉬就能以適量的電將水加熱成溫水，所以也被運用在陶瓷電暖器或廁所的溫水馬桶座等處。

[məˋlɪbdənəm]
發現：1778年

熔點	2617 ℃
沸點	4612 ℃
密度	10.22 g/cm³

Tc

過渡金屬

人造

MEDICAL

TC

固體

醫療用
找出血管堵住
的部位

逐漸崩解

史上最早的
人造元素

[mɛkˋniʃɪəm]
發現：1937年

鎝是第43號元素，雖然在地球誕生時就已經存在，卻在很久以前就全部崩解光了。科學家想盡辦法要在自然界找回它，最後卻是從實驗室裡被製造出來。

鎝屬於「放射性元素」，具有可釋出放射線的特質，只要善加利用這點，就可以在放射線檢查、測量血管堵塞程度的顯影藥劑等醫療方面有所幫助。

熔點
2172
°C

沸點
4877
°C

密度
11.5
g/cm³

Ru

過渡金屬

多用途

固體

製造鋼筆的筆尖

Ruthenium

增加硬碟容量

HARD DISK

雖然很硬卻很脆弱

光照下可幫助將水分解成氫和氧

光

上流社會出身的名門子弟

[rúˈθiːniəm]
發現：1844年

釘雖然是高價位的貴重金屬，卻不是活躍在飾品中。它是合成有機化合物的催化劑，在2001及2005年的諾貝爾獎的研究中很有貢獻。

它是提高電腦硬碟容量的磁性光碟原料。由於具有美麗的光澤，又不會氧化，所以也被用來製造高級鋼筆的筆尖。

總而言之，它是洋溢著一股上流氣息的元素。

熔點	2310 ℃
沸點	3900 ℃
密度	12.37 g/cm³

45	**Rhodium**	102.9 •	5 / 9	銠 ㄌㄠˇ

Rh

過渡金屬

專業用

固體

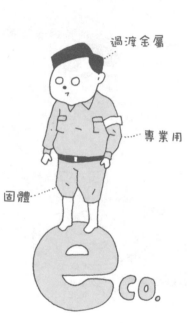

e co.

其實是
超稀有的
金屬

是淨化廢氣
的觸媒

保持美麗

寶石飾品的
電鍍材料

助人發光的
苦悶後台人員

[ˈrodɪəm]
發現：1803年

銠是每年只產出16噸的稀有金屬。雖然它比白金或金還要貴重，卻完全沒有表現的舞台，因為它都是用來替其他貴金屬撐場面，通常會被鍍在其他金屬表面。由於它呈現美麗的白色，不會變色，耐侵蝕且容易加工，所以鍍在銀或白金的飾品上能夠維持美麗持久。算是個燃燒自己、照亮別人的可敬元素。

熔點	**1966** ℃
沸點	**3727** ℃
密度	**12.41** g/cm³

| 46 | **Palladium** | 106.4 · | 5 / 10 | 鈀 ㄅㄚ |

可以留住比自己體積大900倍的氫

Pd H BANK

過渡金屬

多用途

固體

與金或銀合成的鈀合金

帕噗

從廢物界翻身的醜小鴨

鈀與銠同時出現在白金礦中，以同時期發現且轟動全世界的小行星「智神星」（Pallas）命名。很久以前，金礦山裡發現混有鈀的金子，都稱為「廢物金」。

由於它能吸收比自己體積大900倍的氫，所以是製造氫燃料電池的材料，在製造有機化合物的研究場所也很常被當成催化劑。

[pəˋlediəm]
發現：1803年

熔點	1552 °C
沸點	3140 °C
密度	12.02 g/cm³

| 47 | Silver | 107.9 • | 5 / 11 | 銀 ㄧㄣˊ |

Ag

製成飾品
或餐具

過渡金屬

日常
生活用

固體

照片用

相片紙上
會塗一層
銀化合物

驅魔的
護身符

帥氣搶眼的
殺菌高手

自古以來深受人類喜愛的銀，是貴金屬的代表
之一。它發出的銀白色光澤非常美麗，經常讓
人有浪漫的聯想。此外，它容易加工又很便
宜，所以飾品或餐具等都少不了它。
由於銀離子會和細菌的酵素結合，所以具有殺
菌作用，可發展出除臭劑、防臭纖維等。
銀的天敵是硫，它一碰到硫就會變黑，泡溫泉
前記得把銀飾品收好。

[ˋsɪlvə]
發現：古代

熔點	961.93 ℃
沸點	2212 ℃
密度	10.5 g/cm³

做成鎘黃顏料

鋅族

專業用

固體

鋅　鎘

不…不要

呼!

把腎臟搞壞

暴走瘋狂的科學家

1910至1970年間，在日本富山縣神通川附近發生了謎樣的病，就是後來被稱為「日本四大公害病」之一的「痛痛病」。這全都肇因於從礦山所流出來的鎘水。由於鎘與人體必需的鋅一樣可以順利進入人體中，累積之後會對骨頭產生危害。

現在雖然仍會利用它來製造顏料或鎳鎘電池，不過使用方式卻受到嚴格的規範。

[ˋkædmɪəm]
發現：1817年

熔點	320.9 ℃
沸點	765 ℃
密度	8.65 (25℃) g/cm³

| 49 | Indium | 114.8 | 5 / 13 | 鉬ㄣˊ |

In

自動噴水滅火裝置

硼族

需回收再利用

專業用

固體

遇熱會很快融化

幾乎全都產自中國

液晶螢幕

時下最熱門的影音寵兒

[ˈɪndɪəm]
發現：1863年

當今電機製造業最熱中的便是「平面顯示器」的開發，這正是鉬活躍的舞台。

由於鉬可以用來製造「讓電通過且透明」的薄膜，所以液晶、電漿、OLED※等平面顯示器都需要它。

此外，在日本原本產量世界第一的礦山於2006年封閉，所以之後日本也得跟其他國家一起競爭資源了。

熔點	156.17 ℃
沸點	2080 ℃
密度	7.31（25℃）g/cm³

※OLED：「有機發光二極體」的簡稱。這是用電來讓有機半導體材料發光，用在新一代的平面顯示器。

50	Tin	118.7	5 / 14	錫 ㄒㄧˊ

Sn

在鐵上鍍錫
製造出罐頭

碳族

多用途

製作佛像

固體

金屬玩具

焊接用的
鉛錫合金

啾

FISH

TOMATO SOUP

曾經忙翻天的
退隱居士

[tin]
發現：古代

錫和銅一樣是從古代活躍至今的元素。它產量大、易熔解、加工方便。

錫銅合金稱為「青銅」，西元前就製造成武器及護具，在世界各地開拓了許多歷史。日本從奈良時代（西元8世紀）就用錫來製造佛像，因此眾所皆知。

因容易變質，到了現代實用性降低，多用來製造金屬玩具、罐頭、鉛錫合金或活字等東西。

熔點	231.9681 ℃
沸點	2270 ℃
密度	7.31（白錫）g/cm³

Sb

埃及豔后的
眼影原料

但是有毒

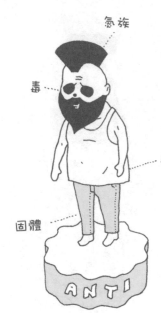

急躁

毒

多用途

固體

ANTI

在活字
的合金中

讓東西
不容易燃燒

埃及豔后熱愛的
劇毒眼影

雖然似乎不容易看見鍗，但它其實會跟鉛混在一起製造活字，或者被用來作為半導體材料及鉛蓄電池的電極等。

鍗總是埋頭苦幹且保守地捍衛著自己的地盤。不過回溯到埃及豔后時代，它卻是塗抹在這位美豔女王克麗奧佩托拉眼睛周圍的那層黑色眼影。沒想到這個耿直的元素也有花邊新聞啊！由於它具有毒性，女性朋友請千萬別嘗試。

[ˈæntəˌmon]
發現：1450年

熔點	630.74 ˚C
沸點	1635 ˚C
密度	6.691 g/cm³

52 | Tellurium

127.6

5 / 16

碲 ㄉㄧˋ

Te

氧族

產業用

固體

DVD-ROM
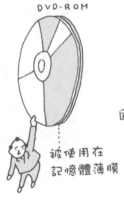
被使用在
記憶體薄膜

DVD

儲酒冰櫃

小冰箱

對溫度
很敏感

廣受歡迎的
臭臭一族

[tɛˋlurɪəm]
發現：1782年

碲的名稱源於「地球」的拉丁文「Tellus」，
聽起來很響亮吧！
它可以幫忙DVD光碟記錄資訊，也可以製成綠
色發光二極體，或是和鉍或硒組合在一起，製
造出安靜又擅於調節溫度的小型電冰箱。
可是，這麼優秀的碲，味道居然跟大蒜很像，
真可惜。它與硫和硒都是屬於臭臭一族。

熔點	449.5 ℃
沸點	990 ℃
密度	6.24 g/cm³

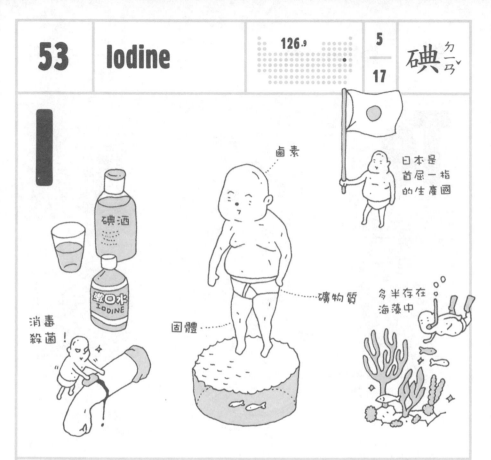

| 53 | Iodine | | 126.9 . | 5 / 17 | 碘 ㄉㄧㄢˇ |

鹵素

日本是
首屈一指
的生產國

碘酒

樂口水
IODINE

消毒
殺菌！

固體

礦物質

多半存在
海藻中

產自海菜的
降雨使者

[`aɪə.daɪn]
發現：1811年

碘是甲狀腺素的主要成分，對人體來說是不可
缺少的礦物質。它富含於海藻中，特別是日本
千葉縣九十九里濱一帶的地下水層含有大量的
碘，至今原因不明，不過千葉縣的確是世界第
二多的碘生產地。

此外，稱為碘化銀的化合物，居然可以用來製
造人工雨呢。日本東京曾在1996年及2001年的
夏天，使用人工降雨裝置來讓老天下雨喔。

熔點	113.6 ℃
沸點	184.4 ℃
密度	4.93 g/cm³

128

54	Xenon	131.3	5 / 18	氙 ㄒㄧㄢ

惰性氣體

產業用

氙氣燈

太空探測船

接近太陽光

氣體

離子引擎推進劑

飛向宇宙的奇蹟氣體

[ˈzɛnan]
發現：1898年

能夠讓美國的太空探測船「深太空一號（DEEP SPACE I）、歐洲太空總署的「智慧一號」（SMART-1）、日本的小行星探測船「隼」這些太空船在宇宙空間移動的，就是氙。

使用氙來當推進劑的離子引擎，燃料費比化學燃料引擎要高10倍以上。此外，這個氣體也被封入現在流行的電漿螢幕中使用，真是個有理想、有抱負、想要一路往上爬的元素。

熔點
-111.9 ℃

沸點
-107.1 ℃

密度
0.0058971
（氣體、20℃）
g/cm³

| 55 鉋 Caesium | 56 鋇 Barium | 57 鑭 Lanthanum | 58 鈰 Cerium | 59 鐠 Praseodymium | 60 釹 Neodymium |

| 61 鉕 Promethium | 62 釤 Samarium | 63 銪 Europium | 64 釓 Gadolinium | 65 鋱 Terbium | 66 鏑 Dysprosium |

| 67 鈥 Holmium | 68 鉺 Erbium | 69 銩 Thulium | 70 鐿 Ytterbium | 71 鎦 Lutetium | 72 鉿 Hafnium | 73 鉭 Tantalum |

| 74 鎢 Tungsten | 75 錸 Rhenium | 76 鋨 Osmium | 77 銥 Iridium | 78 鉑 Platinum | 79 金 Gold |

| 80 汞 Mercury | 81 鉈 Thallium | 82 鉛 Lead | 83 鉍 Bismuth | 84 釙 Polonium | 85 砈 Astatine | 86 氡 Radon |

原子序
ATOMIC NUMBER

55→86

55	**Caesium**	132.9	6/1	銫 ㄙㄜˋ

Cs

鹼金屬

產業用

固體

電磁波的週期
×
91億9263萬
1770倍
＝
1秒

決定日本
標準時間的
銫原子鐘

元素
就是節拍

關鍵 1 秒的
決定依據

你有沒有想過1秒為什麼會是1秒呢？雖然長久以來，1秒的長度都是基於地球自轉速度來決定，不過在1967年，一個名為國際度量衡總會的機構，為了做出「更正確的決定」而重新定義了它。在這裡登場的元素就是銫。他們依據銫原子的電磁波週期，定義出1秒的時間長度。銫原子鐘的準確度超群，最大的誤差也只有每30萬年1秒！

[ˈsizɪəm]
發現：1860年

熔點
28.40
°C

沸點
668.5
°C

密度
1.873
g/cm³

Ba

X光
診斷用
顯影劑

鹼土金屬

多用途

固體

STOMACH

具有不讓
X光通透
的性質

以醫療為業的
毒辣流氓

[ˋbɛrɪəm]
發現：1808年

一提到鋇就想到「照X光時喝的那個白白的東西」。這東西正確名稱叫做「硫酸鋇」，因為極安定的粉末分散在水中而呈白色液體狀。由於一照到X光就呈白色，非常適合用來檢查胃的狀態。不過當它溶於水變成鋇離子時，就搖身一變成為劇毒，會導致嘔吐及麻痺。

此外，金屬鋇在空氣中會發生激烈反應，是一定得保存在石油中的危險物。

熔點
729
℃

沸點
1637
℃

密度
3.594
g/cm³

| 57 | **Lanthanum** | 138.9 | 6 / 3 | 鑭 ㄌㄢˊ |

La

鑭系

天文望遠鏡
的鏡片

LaNi5
（五鎳鑭）

會吸收氫
的合金

產業用

固體

照相手機
的鏡片

邊緣人集團的
老大

['lænθənəm]
發現：1839年

被排擠到整齊元素週期表之外的鑭系與錒系元
素，彷彿是生活在外圍世界。

「鑭系」指的是「和鑭相似的元素」，這一類
的15個成員不論在性質和用途上都很相似。雖
然鑭系元素以具磁性的同伴居多，但其中的鑭
卻不具磁性。鑭除了用來做打火機的點火石之
外，還可以製成讓視野明亮的光學鏡片，所以
被應用在照相手機上。

熔點	921	℃
沸點	3457	℃
密度	6.145 （25℃）	g/cm³

<table>
<tr><td>

59   Praseodymium

</td><td>

58   Cerium

</td></tr>
</table>

59 **Praseodymium**	**58** **Cerium**

[ˌpreɪzɪ`dɪmɪəm]
發現：1885年

Pr

鑭系

專業用

固體

小工廠中的
黃色魔術師

鐠 ㄗㄨˇ

140.9		6	熔	931	℃
			沸	3512	℃
		3	密	6.773	g/cm³

鐠單獨存在時是銀白色固體，但在氧化後會變成黃色。由於具有吸收藍光的功能，所以被用來製造熔焊工人戴的護目鏡。此外，它的黃色也用於製造釉藥，讓陶器更明亮。

[`sɪrɪəm]
發現：1803年

Ce

鑭系

日常
生活用

固體

鑭系元素的
中堅份子

鈰 ㄕˋ

140.1		6	熔	799	℃
			沸	3426	℃
		3	密	6.749 （β固體、25℃）	g/cm³

雖不起眼，但鈰在地球上的量比銅或銀還要多。它能吸收紫外線，被用來製造太陽眼鏡或抗UV玻璃。它也被當作淨化廢氣用的觸媒而裝在引擎上，是應用廣泛的元素。

| 60 | **Neodymium** | 144.2 | 6/3 | 釹 ㄋㄩˇ |

Nd

磁振造影（MRI）用
的磁鐵

鑭系

1

N　　S

固體　　　磁力

帕嘰

s

讓手機
震動

抖

抖　抖

油電混合車
的馬達

史上最強的
超級磁鐵

鈥和鐠是雙胞胎兄弟，因為它們發現自同一塊石頭中，於是鈥鐠的元素名稱帶有「新生雙胞胎」的意思。不過，釹這種元素具備了極可怕的能力！要是把釹與鐵等幾種元素結合，就可以變成世界上最強力的磁鐵。1982年任職於住友特殊金屬公司的佐川真人先生發現了這種方法。由於磁力比當時號稱最強的磁鐵高出1.5倍，馬上就把這個榮耀給搶了過來。

[.nio`dimiəm]
發現：1885年

熔點	1021 ℃
沸點	3068 ℃
密度	7.007 g/cm³

62 Samarium

[sə`mɛrɪəm]
發現：1879年

Sm

鑭系

磁力

固體

淪為第二的
強力磁鐵

釤 ㄕㄢ

150.4	6	熔	1077	℃
		沸	1791	℃
	3	密	7.52	g/cm³

在釹磁鐵之前，榮獲世界最強磁鐵之名的是
釤鈷磁鐵。像釤這類鑭系磁鐵雖然量不多，
但磁力仍遠遠超過其他元素，這個特色對耳
機等小型、輕量的機器來說不可或缺。

61 Promethium

[prə`miθɪəm]
發現：1926年

Pm

鑭系

人造

固體

來自原子爐的
火焰小子

鉕 ㄆㄛˇ

[145]	6	熔	1168	℃
		沸	約2727	℃
	3	密	7.22	g/cm³

鉕命名自希臘天神「普羅米修斯」。它是鑭
系元素中唯一的人工放射性元素，現在仍每
天從原子爐中誕生。以它釋出放射線時的熱
能所製成的原子電池，未來或許很有用。

63	Europium	152.0	6/3	銪ㄧㄡˇ

Eu

鑭系

電視的
紅色發光體

產業用

讓免疫反應發光
便於檢查

固體

夜光
塗料中

黑暗中發光的
夜貓子

[ju`ropiəm]
發現：1896年

把鬧鐘或手錶拿到陰暗的地方看看，假如在刻
度的地方發出微光，就表示裡面有銪的存在。
在夜光塗料（Luminova）中，銪是以發光體的
身分表現特色。

其實它也被印刷於寄出去的明信片中，雖然平
時看不到，但是只要用紫外線照射，就會看到
條碼浮出來。日光燈中的紅色，或是彩色電視
機的紅色發光體，也是由銪負責擔綱演出。

熔點	
	822
	℃

沸點	
	1597
	℃

密度	
	5.243
	g/cm³

<table>
<tr><td>

65 | Terbium

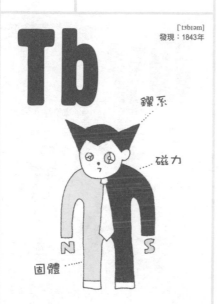

鑭系
磁力
固體

有點過氣的
磁碟界明星

鋱 ㄊㄜˋ

158.9	6	熔	1356	℃
		沸	3123	℃
	3	密	8.229	g/cm³

鋱活躍在前一陣子大家必買的MO磁碟與MD光碟中，但現在則多半扮演發光體的角色，或者是運用其磁性，被拿來做為電動腳踏車或磁性玻璃的原料。

</td><td>

64 | Gadolinium

[ˌgædə`lɪnɪəm]
發現：1886年

鑭系
磁力
固體

利用磁力的
病灶檢驗師

釓 ㄍㄚˊ

157.3	6	熔	1313	℃
		沸	3266	℃
	3	密	7.9004 （25℃）	g/cm³

為了找出病灶，常會藉磁振造影（MRI）技術顯示人體內部圖像。在檢查前置入體內的顯影劑中，就含有釓。由於它會吸收原子核釋出的中子，在核能發電的領域也很重要。

</td></tr>
</table>

67	Holmium

[ˈholmɪəm]
發現：1879年

鑭系
研究中
固體

解決男性疾病的
可靠伙伴

鈥 ㄏㄨㄛ

164.9	6	熔	1474	°C
		沸	2395	°C
	3	密	8.795	g/cm³

在治療中老年男性的煩惱「前列腺肥大症」的雷射手術中，正是應用了鈥這個元素。它在切開的同時可以止血，並抑制疼痛與損傷。它也很擅長解決腎臟及尿道的結石。

66	Dysprosium

[dɪsˈprosɪəm]
發現：1886年

鑭系
日常
生活用
固體

釹磁鐵的
最佳拍檔

鏑 ㄉㄧ

162.5	6	熔	1412	°C
		沸	2562	°C
	3	密	8.55	g/cm³

即使是最強的釹磁鐵，還是有溫度一上升磁力就變弱的缺點，而鏑正好可以幫忙解決這個問題。例如油電混合車需要在高溫下作用，這時就少不了這對搭擋。

69 Thulium

Tm

[ˈθjuːlɪəm]
發現：1879年

鑭系
產業用
固體

愛和鉺在一起的
小跟班

銩 ㄊㄡ

168.9	6	熔	1545	°C
		沸	1947	°C
•	3	密	9.321	g/cm³

銩在鑭系元素中的含量最少，很難單獨取出，所以是很少被利用的元素。它跟鉺一樣都被使用在光纖傳送、強化光所用的光波放大器之中。

68 Erbium

Er

[ˈɜːbɪəm]
發現：1843年

鑭系
www
產業用
固體

網路時代的
光纖助手

鉺 ㄦˇ

167.3	6	熔	1529	°C
		沸	2863	°C
•	3	密	9.066 (25℃)	g/cm³

我們之所以能在網路上發送、接收大量的資訊，是託光纖之福。雖然那是以光來傳送信號的方式，也是因為以使用鉺的光波放大器來做中繼站，才讓長距離通信成為可能。

71	Lutetium		70	Ytterbium

[luˇtiʃɪəm]
發現：1907年

Lu

鑭系

專業用

固體

比金子還貴的
皇族王子

鎦 カㄡˋ

175.0		6	熔	1663	℃
			沸	3395	℃
		3	密	9.84	g/cm³

來看看每1公克金屬的價格：銀是51.55日圓，金是3139日圓，白金是4216日圓，而鎦居然值50500日圓※！雖然鎦很貴，不過除了研究以外，幾乎沒有別種用途。

[ɪˇtɜbɪəm]
發現：1878年

Yb

鑭系

專業用

固體

北歐團隊的
黃綠色成員

鐿 一ˋ

173.0		6	熔	824	℃
			沸	1193	℃
		3	密	6.965	g/cm³

鐿的名稱是源自於一個瑞典的小村伊特比（Ytterby），那裡是發現了好幾種元素的「元素村」。鐿的用途和鉺很像，但它還能把玻璃著色成黃綠色。

<table>
<tr><td>

73 | Tantalum

</td><td>

72 | Hafnium

</td></tr>
</table>

[ˋtænt|əm]
發現：1802年

Ta

過渡金屬

專業用

固體

[ˋhæfnɪəm]
發現：1922年

Hf

過渡金屬

專業用

固體

製造人工骨骼的手機達人

鉭 ㄊㄢˇ

180.9	6	熔	2996	℃
		沸	5425	℃
	5	密	16.654	g/cm³

鉭對人體無害，易與生物體結合，用來製造人工骨骼、關節及人工植牙等。此外也應用在儲存電的電容器中。由於體積小、性能好，在行動電話或電腦中也很活躍。

與鋯合作的原子控制者

鉿 ㄏㄚ

178.5	6	熔	2230	℃
		沸	5197	℃
	4	密	13.31	g/cm³

鉿和原子序40的鋯在性質上極為相似。鉿普遍應用在原子爐中，通常是用來製造吸收中子的「控制棒」，而具有相反作用的「燃料棒」則是使用鋯。

| 74 | Tungsten | 183.8 • | 6 / 6 | 鎢 ㄨ |

W

過渡金屬

日常生活用

固體

鑽子的鑽頭

電燈泡的燈絲

和碳結合會變成非常堅硬的鋼

世上最耐熱的工匠元素

[ˈtʌŋstən]
發現：1781年

在愛迪生剛發明白熾燈泡時，燈絲所使用的材料是竹子，但缺點是很容易斷掉。到了20世紀初，鎢絲登場，從那之後，白熾燈泡就被稱為鎢絲燈泡了。

鎢是熔點最高的元素，很耐高溫。如果將它碳化，就會形成硬度僅次於鑽石的超硬合金！在需要用到耐磨金屬鑽頭或模具的工業環境中，地位極為重要。

熔點	3407	℃
沸點	5657	℃
密度	19.3	g/cm³

<table>
<tr><td>

76   Osmium

</td><td>

75   Rhenium

</td></tr>
</table>

[ˋazmɪəm]
發現：1803年

Os

- 過渡金屬
- 專業用
- 固體

又重又不生鏽的相撲力士

銤 ㄜˊ

190.2	6	熔	3054	°C
		沸	5027	°C
	8	密	22.59	g/cm³

銤是密度最大的元素，也是最重的金屬。它與銥、釕或鉑做成的合金不易生鏽、不易磨損，又能發出銀色的光澤，所以是很受歡迎的鋼筆頭材料。

[ˋrinɪəm]
發現：1925年

Re

- 過渡金屬
- 產業用
- 固體

最晚被發現的天然元素

錸 ㄌㄞˊ

186.2	6	熔	3180	°C
		沸	5627	°C
	7	密	21.02	g/cm³

錸是最後一個被發現的天然元素。雖然非常稀少，但是熔點很高，僅次於鎢，所以活躍於高溫測量專用的溫度計零件，或者是火箭噴射口等特殊領域中。

77	Iridium	192.2 ●	6 / 9	銥一

Ir

過渡金屬

專業用

固體

隕石撞擊說：
銥在白堊紀地質層
的含量很高，
代表當時地球曾遭
隕石撞擊。

點火用的火星塞
就是銥合金

1m

從前大量公尺的
度量衡長度標準
就是用鉑和銥的合金
製作而成

永遠不壞的
重量基準

由於金和鉑不易變質，所以成為赫赫有名的結婚戒指原料，但其實世界上最難被腐蝕的金屬，卻是銥。

為了在幾世紀後不會因變質而改變重量，所以被當成度量衡「重量」基準的「國際公斤」樣本，就是使用了約10%的銥加上約90%的鉑製成合金。假如你有個發誓要永遠守候的對象，也許應該送對方一個銥戒指吧。

[ˋɪrɪdɪm]
發現：1803年

熔點	2410	℃
沸點	4130	℃
密度	22.56	g/cm³

| 78 | **Platinum** | 195.1 • | 6 / 10 | 鉑 ㄅㄛˊ |

Pt

過渡金屬

白金線圈

固體

用在腦動脈瘤
的治療上

多用途

白金是
很受歡迎的
飾品材料

可淨化廢氣

大器晚成的
明星元素

[ˈplætnəm]
發現：1751年

鉑又稱「白金」，雖然它目前是高級飾品中不可或缺的元素，但在18世紀之前，它還一直處在金、銀的陰影下。

它的名稱在西班牙文中，指的是「小型的銀」（platina），現在因為光澤不易改變而極受歡迎。耐蝕的特性，使它在理化用品、電極、腦動脈瘤的治療線圈、抗癌劑等各方面都受到重視，充分顯示出它美麗之外的其他實力。

熔點	1772 °C
沸點	3827 °C
密度	21.45 g/cm³

79 Gold

197.0	6	金 ㄐㄧㄣ
	11	

Au

製成牙齒

過渡金屬

延展性極佳

又很柔軟

金幣

多用途

固體

呵呵

好棒啊

GOLD

GOLD 24

光榮與財富的代言人

正如同埃及法老王圖坦卡門的黃金面具、日本卑彌呼女王的金印等，金自古以來就是權力象徵。在中世紀的歐洲，想要用鐵或銅煉造出金的「煉金術」大為流行。雖然後來沒有造出金子，但那些五花八門的研究卻成為現代化學的基礎。金具有傑出的熱傳導性、導電性，是很活躍的電子材料。像製成金牌或金幣這樣廣泛的用途，都是因為它既美麗又不易腐蝕。

[gold]
發現：古代

熔點	1064.43 ℃
沸點	2807 ℃
密度	19.32 g/cm³

80	Mercury	200.6	6	汞 ㄍㄨㄥˇ
			12	

Hg

鋅族

多用途

液體

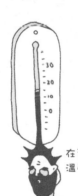

在舊型
溫度計中

表面張力
非常大

滾來
滾去

毒

型態特異的
突變金屬

[ˋmɜkjərɪ]
發現：古代

汞就是「水銀」，在常溫中呈液體且會揮發，是唯一有此特性的金屬。由於它可以跟各種不同金屬結合成為柔軟的汞合金，自古以來就是人們愛用的電鍍材料，現在仍廣泛運用在溫度計或水銀燈中。另外，它也是1956年左右在日本熊本縣發生的水俁病※的病因。雖然它很方便也容易使用，卻會讓人生病，對人體造成危害。水銀可說是具有雙刃的一把利劍。

熔點
-38.87
℃

沸點
356.58
℃

密度
13.546
（液體、20℃）
g/cm³

※水俁病——日本四大公害病之一。從工廠排到海裡的甲基氯汞，透過魚貝類等食物吃進人體，導致腦神經細胞受損。

81	**Thallium**	204.4	6	鉈 ㄊㄚ
			13	

Tl

咚咚

可讓心肌細胞
顯影以利
診斷的藥劑

硼族

專業用

一刀兩斷

固體

柔軟的金屬

在重金屬中
具有最強的
毒性

預防心肌梗塞的致命毒物

[ˋθælɪəm]
發現：1861年

鉈是在「毒藥」之中與砷齊名的一個元素，致死量只需要少少1公克。

鉈因為在英國推理作家克莉絲蒂的小說《白馬酒館》中有提及而出名。此外，以電影《完全下毒手冊》為人所知的英國殺人魔葛雷漢・楊格也是用鉈來下毒。

最近醫學界則是利用鉈的放射線同位素，作為檢驗心肌血流狀態的藥劑。

熔點	
303.5	°C

沸點	
1457	°C

密度	
11.85	g/cm³

| 82 | Lead | 207.2 | 6 / 14 | 鉛 ㄑㄧㄢ |

Pb

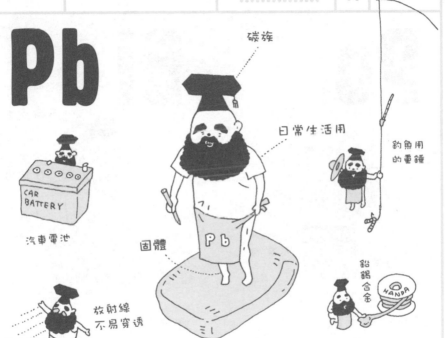

碳族

日常生活用

釣魚用的重錘

汽車電池 CAR BATTERY

固體 Pb

放射線不易穿透

鉛錫合金 HANDA

即將退休的重要金屬

[lid]
發現：古代

鉛容易加工，是自古以來就活躍在生活中的元素。據說古羅馬時代就已經使用鉛製的水龍頭和水管。另一方面，它的毒性強到讓人覺得羅馬帝國是因為鉛中毒而滅亡。

它被使用在製造汽車的鉛蓄電池，還有鉛錫合金、鏡子等等，用途很廣泛，但因為具有毒性，加上蘊藏量已接近枯竭，所以全球已開始走向不使用鉛的「無鉛化世界」。

熔點	327.50 ℃
沸點	1740 ℃
密度	11.35 g/cm³

84 | Polonium

[pə`lonɪəm]
發現：1898年

Po

氧族

專業用

放射性

固體

最具破壞力的
天然元素

釙 ㄆㄛ

[210]	6	熔	254	℃
		沸	962	℃
	16	密	9.32	g/cm³

釙是居禮夫婦首次發現的天然放射性元素，輻射能大約是鈾的330倍。2006年，俄羅斯政府涉嫌以釙暗殺一位離職中校而成為話題。在香煙中似乎也含有微量的釙。

83 | Bismuth

[`bɪzməθ]
發現：1753年

Bi

氮族

日常
生活用

固體

繼承鉛的
新興世代

鉍 ㄅㄧˋ

209.0	6	熔	271.3	℃
		沸	1560	℃
	15	密	9.747	g/cm³

除了用來做成合金之外，鉍也活躍在抑制胃潰瘍、止瀉的醫藥用品上，十分有效。由於性質與鉛相似，近年來以鉛的替代元素身分拓展其勢力範圍。

86 Radon

[ˈredan]
發現：1900年

Rn

惰性氣體

放射性

研究中

氣體

最喜歡洗澡的
小胖子

氩 ㄉㄨㄥ

[222]	6	熔	-71	℃
		沸	-61.8	℃
	18	密	0.00973	（氣體、0℃）g/cm³

在常溫下是最重的氣體元素。礦石中的氩若
微量而緩慢地溶解到地下水的溫泉中，就稱
為「氩溫泉」。這種溫泉遍布日本各地，據
說對健康很有益。

85 Astatine

[ˈæstə.tin]
發現：1940年

At

鹵素

放射性

研究中

固體

鹵素中稀有的
末代武士

砈 さ

[210]	6	熔	302	℃
		沸	337	℃
	17	密	----	g/cm³

在天然元素中最稀少，一般多用人工合成。
由於它的壽命很短，會立刻崩解，所以很難
查出它的性質。它是鹵素中唯一具有放射性
的元素。

87 鍅 Francium

88 鐳 Radium

89 錒 Actinium

90 釷 Thorium

91 鏷 Protactinium

92 鈾 Uranium

93 錼 Neptunium

94 鈽 Plutonium

95 鋂 Americium

96 鋦 Curium

97 鉳 Berkelium

98 鉲 Californium

99 鑀 Einsteinium

100 鐨 Fermium

101 鍆 Mendelevium

102 鍩 Nobelium

103 鐒 Lawrencium

104 鑪 Rutherfordium

105 𨧀 Dubnium

106 𨭎 Seaborgium

107 𨨏 Bohrium

108 𨭆 Hassium

109 䥑 Meitnerium

110 鐽 Darmstadtium

111 錀 Roentgenium

112 鎶 Copernicium

113 鉨 Nihonium

114 鈇 Flerovium

115 鏌 Moscovium

116 鉝 Livermorium

117 鿬 Tennessine

118 鿫 Oganesson

週期
PERIOD
7

原子序
ATOMIC NUMBER
87→118

88 | Radium

[ˈrædɪəm]
發現：1898年

鹼土金屬

放射性

專業用

固體

奪走恩人性命的
悲哀元素

鐳 ㄌㄟˊ

[226]	7	熔	700	℃
	—	沸	1140	℃
	2	密	約5	g/cm³

居禮夫人在1898年發現了鐳，卻因此賠上了
自己的命。儘管她在1911年獲得諾貝爾化學
獎，卻也因為鐳的輻射導致白血病而過世。

87 | Francium

[ˈfrænsɪəm]
發現：1939年

鹼金屬

放射性

研究中

固體

謎般消逝的
短命金屬

鍅 ㄈㄚˇ

[223]	7	熔	27	℃
	—	沸	677	℃
	1	密	...	g/cm³

它是天然放射性元素中最短命的，最長只能
存在21分鐘左右。一般推測它在常溫之下是
固體，可是它實在太過短命，實際上並無法
觀察得到。

91　Protactinium

Pa

鋼系
放射性
產業用
固體

鏷 ㄆㄨˊ

科學家雙人組※
的奇妙發現

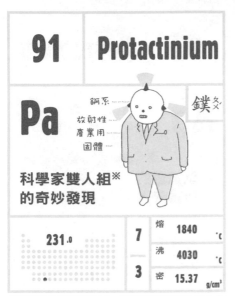

231.0		7	熔	1840	℃
			沸	4030	℃
		3	密	15.37	g/cm³

※奧地利科學家麥特娜（Meitner）與德國科學家哈恩（Hahn）。

89　Actinium

Ac

鋼系
放射性
研究中
固體

錒 ㄚ

鋼系元素的
首腦

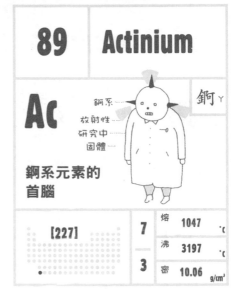

[227]		7	熔	1047	℃
			沸	3197	℃
		3	密	10.06	g/cm³

92　Uranium

U

鋼系
放射性
產業用
固體

鈾 ㄧㄡˊ

製造核子武器的
發電供應者

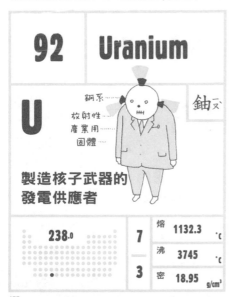

238.0		7	熔	1132.3	℃
			沸	3745	℃
		3	密	18.95	g/cm³

90　Thorium

Th

鋼系
放射性
專業用
固體

釷 ㄊㄨˇ

未來核燃料的
替代者

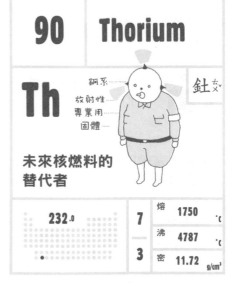

232.0		7	熔	1750	℃
			沸	4787	℃
		3	密	11.72	g/cm³

95 Americium

Am

錒系
放射性
人造
固體

鋂 ㄇㄟˊ

感應煙霧的
火災警報器

[243]		7	熔	1172	℃
			沸	2607	℃
		3	密	13.67	g/cm³

93 Neptunium

Np

錒系
放射性
人造
固體

錼 ㄋㄞˊ

比鈾還重的
「超鈾元素」

[237]		7	熔	640	℃
			沸	3902	℃
		3	密	20.25	g/cm³

96 Curium

Cm

錒系
放射性
人造
固體

鋦 ㄐㄩ

以居禮夫婦的
姓氏命名

[247]		7	熔	1337	℃
			沸	3110	℃
		3	密	13.3	g/cm³

94 Plutonium

Pu

錒系
放射性
人造
固體

鈽 ㄅㄨˋ

和鈾一樣的
核能供應者

[239]		7	熔	641	℃
			沸	3232	℃
		3	密	19.84 (25℃)	g/cm³

99	Einsteinium

Es

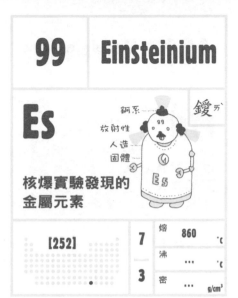

鑀ㄞ

鋼系
放射性
人造
固體

核爆實驗發現的
金屬元素

[252]	7	熔	860	°C
		沸	...	°C
	3	密	...	g/cm³

97	Berkelium

Bk

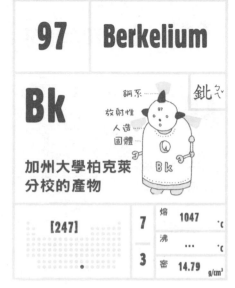

鉳ㄅㄟˊ

鋼系
放射性
人造
固體

加州大學柏克萊
分校的產物

[247]	7	熔	1047	°C
		沸	...	°C
	3	密	14.79	g/cm³

100	Fermium

Fm

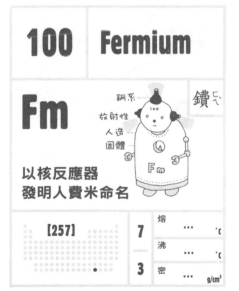

鐨ㄈㄟˋ

鋼系
放射性
人造
固體

以核反應器
發明人費米命名

[257]	7	熔	...	°C
		沸	...	°C
	3	密	...	g/cm³

98	Californium

Cf

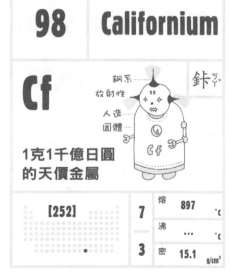

鉲ㄎㄞ

鋼系
放射性
人造
固體

1克1千億日圓
的天價金屬

[252]	7	熔	897	°C
		沸	...	°C
	3	密	15.1	g/cm³

103	Lawrencium

Lr

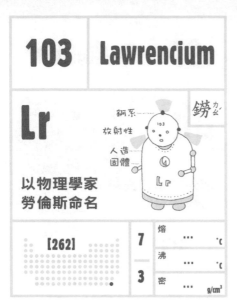

鐒 ㄌㄠˊ

- 錒系
- 放射性
- 人造
- 固體

以物理學家
勞倫斯命名

[262]		7	熔	…	°c
			沸	…	°c
		3	密	…	g/cm³

101	Mendelevium

Md

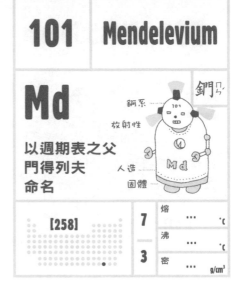

鍆 ㄇㄣˊ

- 錒系
- 放射性
- 人造
- 固體

以週期表之父
門得列夫
命名

[258]		7	熔	…	°c
			沸	…	°c
		3	密	…	g/cm³

104	Rutherfordium

Rf

鑪 ㄌㄨˊ

- 過渡金屬
- 放射性
- 人造
- 固體

以原子構造
發現者
拉塞福命名

[267]		7	熔	…	°c
			沸	…	°c
		4	密	23	g/cm³

102	Nobelium

No

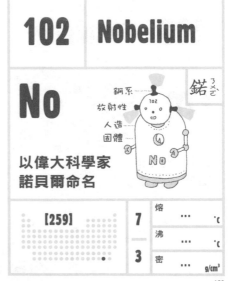

鍩 ㄋㄨㄛˋ

- 錒系
- 放射性
- 人造
- 固體

以偉大科學家
諾貝爾命名

[259]		7	熔	…	°c
			沸	…	°c
		3	密	…	g/cm³

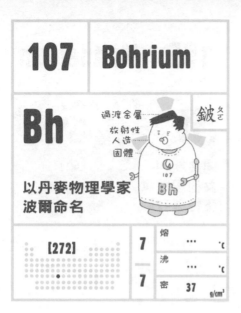

107 Bohrium

Bh

過渡金屬
放射性
人造
固體

銧 ㄆㄛ

以丹麥物理學家
波爾命名

[272]		7	熔	...	°C
			沸	...	°C
		7	密	37	g/cm³

105 Dubnium

Db

過渡金屬
放射性
人造
固體

𨧀 ㄉㄨ

以原子核
研究地俄羅斯
杜布那命名

[268]		7	熔	...	°C
			沸	...	°C
		5	密	29	g/cm³

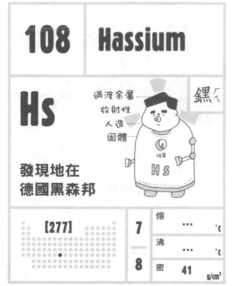

108 Hassium

Hs

過渡金屬
放射性
人造
固體

𨭆 ㄏㄟ

發現地在
德國黑森邦

[277]		7	熔	...	°C
			沸	...	°C
		8	密	41	g/cm³

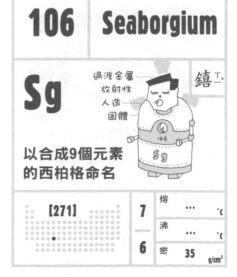

106 Seaborgium

Sg

過渡金屬
放射性
人造
固體

𨭆 ㄒㄧ

以合成9個元素
的西柏格命名

[271]		7	熔	...	°C
			沸	...	°C
		6	密	35	g/cm³

111 Roentgenium

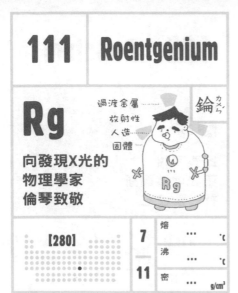

Rg

錀 ㄌㄨㄣˊ

過渡金屬
放射性
人造
固體
111
Rg

向發現X光的
物理學家
倫琴致敬

[280]

7 / 11

熔 … ℃
沸 … ℃
密 … g/cm³

109 Meitnerium

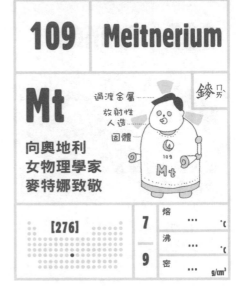

Mt

䥑 ㄇㄞˋ

過渡金屬
放射性
人造
固體
109
Mt

向奧地利
女物理學家
麥特娜致敬

[276]

7 / 9

熔 … ℃
沸 … ℃
密 … g/cm³

112 Copernicium

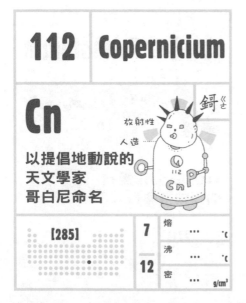

Cn

鎶 ㄍㄜ

放射性
人造
112
Cn

以提倡地動說的
天文學家
哥白尼命名

[285]

7 / 12

熔 … ℃
沸 … ℃
密 … g/cm³

110 Darmstadtium

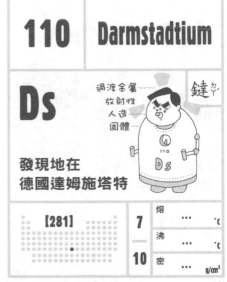

Ds

鐽 ㄉㄚˊ

過渡金屬
放射性
人造
固體
110
Ds

發現地在
德國達姆施塔特

[281]

7 / 10

熔 … ℃
沸 … ℃
密 … g/cm³

| 113 | Nihonium | [284] | 7 |
| | | | 13 |

欽 ㄋ一ˇ

Nh

放射性

人造

83 鉍

30

鋅

113

113
Nh

113
Nh

由日本理化學研究所發現

「超重元素鍊金術師」森田浩介等人利用理化學研究所的加速器，讓鋅（Zn，原子序30）和鉍（Bi，原子序83）互撞，在2004到2012年之間，僅僅製造出3個日本最早的新元素，壽命也只有千分之2秒，超級短命，一轉眼就變成其他元素。2016年11月，這個熱騰騰、剛誕生的元素才終於決定了名字。

發現：2004年

熔點	... ℃
沸點	... ℃
密度	... g/cm³

115	**Moscovium**

發現：2003年

Mc

放射性

人造⋯⋯

以研究所在地
莫斯科州命名

鏌 ㄇㄛˋ

[288]		7	熔	⋯	°c
			沸	⋯	°c
	•	15	密	⋯	g/cm³

這是在俄羅斯杜布納聯合核子研究院，讓鈣
（原子序20）和鋂（原子序95）互撞後以核
融合反應製造的新元素。

114	**Flerovium**

發現：1998年

Fl

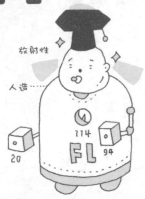

放射性

人造⋯⋯

以俄羅斯物理學家
弗雷洛夫命名

鈇 ㄈㄨ

[289]		7	熔	⋯	°c
			沸	⋯	°c
	•	14	密	⋯	g/cm³

這是在俄羅斯杜布納聯合核子研究院，讓鈣
（原子序20）和鈽（原子序94）互撞所製造
出來的新元素。經過幾個月的核融合反應，
一次才能製造一個原子。

117	**Tennessine**

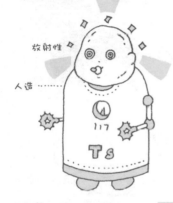

Ts

發現：2010年

放射性

人造

117

Ts

以研究所所在地
田納西州命名

硼 _{ㄊㄢˊ}

[293]	7	熔	... ℃
		沸	... ℃
	17	密	... g/cm³

這是在俄羅斯杜布納聯合核子研究院，讓鈣（原子序20）和鉳（原子序97）互撞所製造出來的新元素。

116	**Livermorium**

Lv

發現：2000年

放射性

人造

116

Lv

以勞倫斯利弗莫爾
國家實驗室命名

鉝 _{ㄌㄧˋ}

[293]	7	熔	... ℃
		沸	... ℃
	16	密	... g/cm³

這是在俄羅斯杜布納聯合核子研究院，讓鈣（原子序20）和鋦（原子序96）互撞後以核融合反應製造的新元素，其以美國研究所的名字命名。

119	**Ununennium**

Uue

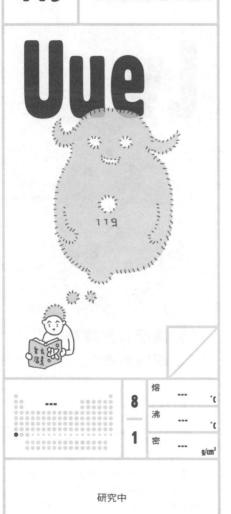

119

		8	熔	---	℃
---			沸	---	℃
•		1	密	---	g/cm³

研究中

118	**Oganesson**

發現：2003年

Og

放射性

人造……

以俄羅斯核物理學家
尤里·奧加涅席恩命名

氬 ㄠˋ

【294】		7	熔	---	℃
	•	18	沸	---	℃
			密	---	g/cm³

俄羅斯杜布納聯合核子研究院和美國勞倫斯
利弗莫爾國家實驗室的共同研究團隊，讓鈣
（原子序20）和鉲（原子序98）互撞所製造
出來的新元素。

121~

Ubu

	8	熔	---	°C
---	---	沸	---	°C
---	3	密	---	g/cm³

研究中

120 Unbinilium

Ubn

120

	8	熔	---	°C
---	---	沸	---	°C
---	2	密	---	g/cm³

研究中

元素價格排行榜

這裡是被當成化學試劑販賣的元素價格排行榜前五名。
由於元素會以各種不同形態呈現，無法一概而論地比較，
在此是以每1公克的單位價格來計算。
不過，像鈾或鈽這樣的特殊元素就無法標價了。
從這排行榜看來，金和鉑的價格還挺便宜的。

1

Sc
鈧
111,400 日圓
塊狀 99.9% 1g

2

Lu
鎦
106,200 日圓
粉末 99.9% 1g

3

Eu
銪
102,200 日圓
粉末 99.9% 1g

4

Rh
銠
60,000 日圓
粉末 99.9% 1g

5

Cs
銫
49,000 日圓
金屬（封存好） 99.9+% 1g

附帶說明貴金屬的行情……
金	4674日圓
鉑	3842日圓
銀	69.55日圓

※全都是1g的價格。

※根據和光純藥工業公司
2016年12月化學試劑目錄價格
http://www.siyaku.com/

※註：1元台幣約合3日圓。

人類的價格

人類到底值多少錢？
現在就讓我們根據構成人類的幾個主要元素，
把它們換算成價錢來看看。
假如以一個體重60公斤的人來計算的話，
結果是「1萬3000日圓」（約台幣4670元）。
至於要在這個價格加上什麼附加價值，
就要靠你自己了。

鋅	**0.5** 日圓	以0.12g的實驗用鋅換算
鐵	**14** 日圓	以3g的鐵釘換算
鈉與氯	**20** 日圓	以180g的食鹽換算
硫	**288** 日圓	以120g實驗用的硫換算
磷	**300** 日圓	以600g磷肥換算
鉀	**605** 日圓	以240g鉀肥換算
氮	**774** 日圓	以1800g氮肥換算
碳	**896** 日圓	以10800g烤肉用木炭換算
鈣	**1766** 日圓	以900g實驗用碳酸鈣換算
氧與氫	**3980** 日圓	以45000g的水換算
鎂	**4200** 日圓	以30g實驗用的鎂換算
	其他	

+

= 大約 **13000** 日圓

同類的元素

雖然已命名元素有118個，
不過卻有幾個性質特別類似，
或是湊在一起可以發揮互補的力量。
元素之間可能也和人際關係一樣，
有長袖善舞或不擅交際的類型吧。

Na K Rb Cs

爆發的鹼金屬四大天王

看似和平文靜的鈉、鉀、銣、銫，只
要單獨進入水中，就會大變身，和水
發生激烈反應產生大爆炸。也因此它
們平時都是被保存在石油裡。破壞力
排行榜從最弱到最強，依序是鈉 →
鉀 → 銣 → 銫。

Au Ag Cu

財富與榮光的三賢人

金、銀、銅三人組，皆是同時滿足蘊
藏量多、容易加工、不易變質這三個
條件的金屬。由於具有這些性質，所
以從古到今在世界各國都是活躍的貨
幣材料。此外，它們也以象徵榮耀的
奧運等獎牌而為人所熟知。

Nd　Sm

世界最強的磁鐵拍檔

釹與釤是在永久磁鐵這個領域中互爭世界第一的對手。現在具有世界最強磁力頭銜的是釹，但是釤磁鐵卻比釹磁鐵更耐熱、更具耐蝕性，也具有多種用途。

Si　Ge　Sn

數位半導體三人組

矽、鍺、錫這三個元素是半導體材料的代表。它們是電子工業的基礎，也是讓科技立國的日本得以發展至今的菁英。在使用電腦等數位器材的同時，別忘了感謝它們喔。

Ca　Sr　Ba

卡斯巴三兄弟

在元素裡面如果有三個元素性質很相似，並以幾乎等間隔的原子量排在一起，則稱為「三元素族」。鈣、鍶、鋇便是其中之一，把它們的元素符號湊在一起，唸起來就變成「卡斯巴※」囉。

※卡斯巴（Casbah）意指北非許多城鎮的舊城區，其中以阿爾及爾的舊城區最著名，為聯合國世界遺產。

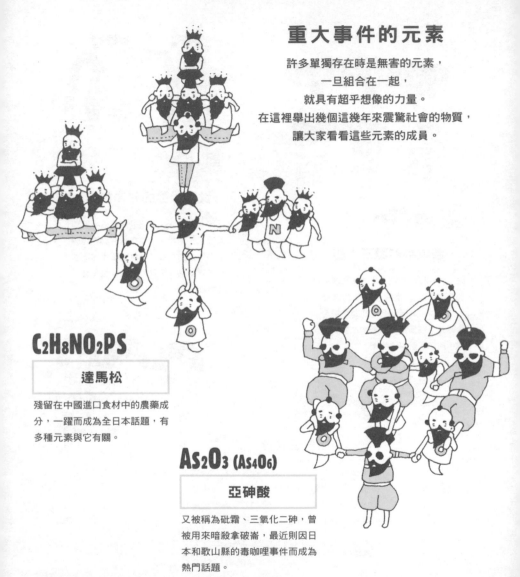

重大事件的元素

許多單獨存在時是無害的元素，
一旦組合在一起，
就具有超乎想像的力量。
在這裡舉出幾個這幾年來震驚社會的物質，
讓大家看看這些元素的成員。

$C_2H_8NO_2PS$

達馬松

殘留在中國進口食材中的農藥成分，一躍而成為全日本話題，有多種元素與它有關。

As_2O_3 (As_4O_6)

亞砷酸

又被稱為砒霜、三氧化二砷，曾被用來暗殺拿破崙，最近則因日本和歌山縣的毒咖哩事件而成為熱門話題。

C₄H₁₀O₂FP

$C_4H_{10}O_2FP$

沙林

光看化學式就覺得明明只是把氫和氧等熟悉的元素排在一起,為什麼會變成具備恐怖破壞力的神經毒氣?

HCHO

甲醛

被指為是汙染建築物內空氣、對身體造成危害的「病態建築症候群」的原因之一。

KCN

氰化鉀

雖然是個簡單無比的組合,卻展現了歷史性毒藥的真面目。

4

HOW TO EAT ELEMENTS
元素的吃法

我們自己正是元素的寶庫。

我們的身體也是由元素所構成。

製造身體的元素，大約有34種。

到目前為止介紹過的元素，有三分之一以上可以在我們身體裡找到。

雖然我們總覺得元素是別人家的事，但實際上，

看到底下列舉的元素後，會發現身體裡居然含有許多像鍶或鉬

這些我們認為跟自己毫無關係的元素。

最令人驚訝的是，連砷也是身體裡的元素。

而砷不就是那個因毒咖哩事件而廣為人知的劇毒代名詞嗎？

其他像是鎘、鈹、鐳等不太熟悉的許多元素，

也都存在我們的身體中。

這些元素並不是由我們身體自己製造，

它們是以各種方式被我們吃進身體裡。

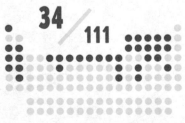

34 / **111**

● ⋯人體內的元素

人體內的
元素

H 氫	B 硼	C 碳	N 氮	O 氧	F 氟
Na 鈉	Mg 鎂	Al 鋁	Si 矽	P 磷	S 硫	Cl 氯
K 鉀	Ca 鈣	V 釩	Cr 鉻	Mn 錳	Fe 鐵	Co 鈷
Ni 鎳	Cu 銅	Zn 鋅	As 砷	Se 硒	Rb 銣	Sr 鍶
Mo 鉬	Cd 鎘	Sn 錫	I 碘	Ba 鋇	Hg 汞	Pb 鉛

在標準的人類身體結構中，65％是氧、18％是碳、10％是氫。

咦？這樣不就差不多是100％嗎？

其實這34種元素中的28種都低於1％，

但是，並不是量少就沒價值，事實正好相反。

有時候即使湊滿了99.9％的元素，

只要少了那0.1％，還是會死翹翹。

那些量很少、對身體卻很重要的元素，就稱為「微量元素」。

微量元素幾乎全是金屬元素，

其中特別重要的，又稱為「生物金屬元素」，

通稱「礦物質」。

礦物質並不是像藥一樣的化合物，

它是人類以及所有生物生存必備的元素。

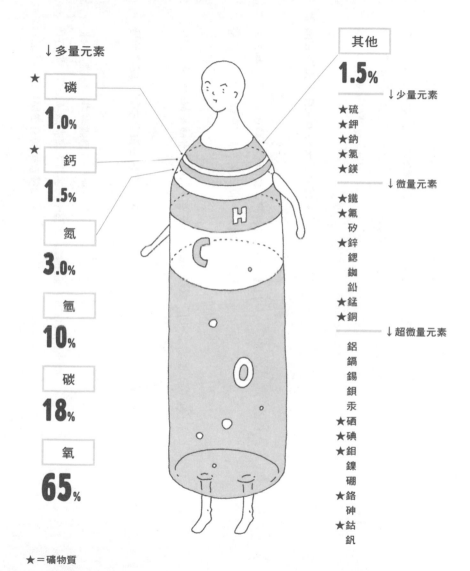

↓多量元素

★ 磷
1.0%

★ 鈣
1.5%

氮
3.0%

氫
10%

碳
18%

氧
65%

★＝礦物質

其他
1.5%

↓少量元素
★硫
★鉀
★鈉
★氯
★鎂

↓微量元素
★鐵
★氟
矽
★鋅
鍶
鉚
鉛
★錳
★銅

↓超微量元素
鋁
鎘
錫
鋇
汞
★硒
★碘
★鉬
鎳
硼
★鉻
砷
★鈷
釩

目前有17種元素被認定是礦物質。

礦物質是體內元素作用的開始，它們將各種不同元素連結在一起，或是控制著各式各樣的反應。

換句話說，就是身體中的控制塔。

它們就像是交響樂團中的指揮、機場的塔台管制員，或是公司裡的老闆。

這就是礦物質。

要是鐵不夠的話會貧血，鈣不足會讓脾氣變得暴躁。

假如這個控制塔不見了，身體就無法維持正常機能。

話說回來，也不是愈多就愈好。

礦物質只要一點點就夠了。

要是領袖過多的話，反而沒辦法正常運作。

在這一章中，我們就來看看這17種礦物質的作用，並了解要均衡攝取礦物質的話，應該吃哪些食物。

礦物質是樂團指揮

Na

鈉

含有鈉的食物

醬菜

味噌

魚乾

醬油

醬汁

要是缺乏的話……

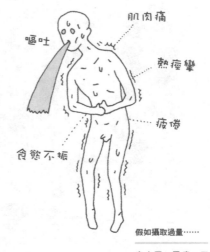

嘔吐

肌肉痛

熱痙攣

疲倦

食慾不振

假如攝取過量……

高血壓、胃癌、口渴、體溫升高等

維持生命的重要礦物質

主要是由食鹽（氯化鈉）中攝取。由於現代飲食生活已經有過度攝取的傾向，所以「減鹽」才是應該遵守的原則。不過，持續大量排汗或是下痢時，鈉會隨著水分排出而變得不足，此時就不該只喝水，還要連鹽分一併攝取補充才行。

目標量
（含鹽量）
（每天）

男性

8.0 g 以下

女性

7.0 g 以下

Mg

鎂

含有鎂的食物

燒海苔

菠菜

香蕉

海帶

大豆

魚肉類

裙帶菜
（海藻）

芝麻

要是缺乏的話……

循環系統疾病
（缺血性心臟病）

肌肉
抽搐

脈搏紊亂

假如攝取過量……

軟便、下痢、低血壓
等。腎臟疾病患者要
特別小心。

打造身體的
成長關鍵

位在骨骼與肌肉中，主要功能是幫助
骨骼成長、維持腦與甲狀腺機能等。
它也可以活化體內各種酵素。慢性酒
精中毒的人大量攝取酒精，鎂會跟著
尿液一起流失，所以愛喝酒的人要更
加注意。

建議攝取量
（每天）
男性
320 - 370 mg
女性
260 - 290 mg

K

鉀

| 含有鉀的食物 | 要是缺乏的話…… |

柿子　　香蕉　　地瓜

菠菜　　番茄　　大豆

西瓜　　沙丁魚

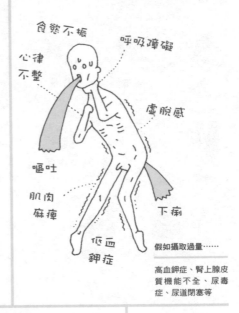

食慾不振

心律不整

呼吸障礙

虛脫感

嘔吐

肌肉麻痺

下痢

低血鉀症

假如攝取過量……

高血鉀症、腎上腺皮質機能不全、尿毒症、尿道閉塞等

具多重效用的多元主角

鉀是為了合成蛋白質、調整細胞內外水分、傳達各種信號而在身體中東奔西跑的元素。雖然過量攝取的部分會從腎臟排出，但假如有腎臟疾病的話，就會造成過剩的狀態，進而引發高血鉀症等問題。

目標量
（每天）
男性
3000 mg
女性
2600 mg

Ca

鈣

要是缺乏的話……

乳製品

蘿蔔乾

魩仔魚乾

海藻類

蝦米

沙丁魚

豆腐

小松菜

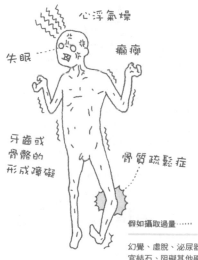

心浮氣燥

失眠

癲癇

牙齒或
骨骼的
形成障礙

骨質疏鬆症

假如攝取過量……

幻覺、虛脫、泌尿器
官結石、阻礙其他礦
物質的吸收、高血鈣
症等

製造強硬骨頭的
可靠支柱

鈣是眾所周知製造骨骼或牙齒不可或
缺的元素，也具有許多其他細部的功
能。由於鈣經常與鎂結合，產生各種
作用，所以同時攝取兩者可以提升健
康效果。此外，和維生素D一起攝取
時，比較容易吸收。

建議攝取量
（每天）

男性
650 - 800 mg

女性
600 - 650 mg

P

磁

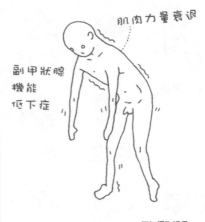

含有磷的食物

乳製品

海藻類

穀類

水果類

魚貝等
海鮮類

豆類

肉類

種子及
堅果類

要是缺乏的話……

肌肉力量衰退

副甲狀腺
機能
低下症

假如攝取過量……

鈣的吸收障礙、副甲
狀腺機能亢進症、腎
臟機能低下

製造DNA的
頭腦必備元素

以火柴棒的發火劑而廣為人知的磷，
存在人體內負責遺傳訊息的DNA中，
也含在細胞膜與神經組織中。由於它
被用來當作火腿等加工食品的添加物
或飲料保存素，所以現代人應該要小
心攝取，不要過量。

安全攝取量
（每天）

男性
1000 mg

女性
800 mg

Zn

鋅

含有鋅的食物

杏仁

腰果

牡蠣

日式
豆腐

鱈魚卵

肝臟

秋刀魚

干貝

鰻魚

要是缺乏的話……

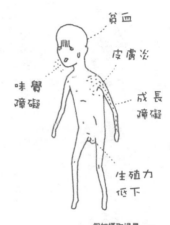

貧血

皮膚炎

味覺
障礙

成長
障礙

生殖力
低下

假如攝取過量……

刺激腸胃、少尿、貧血、胰臟
異常、壞膽固醇增加、好膽固
醇減少、免疫力低下、頭痛、
噁心、腹痛、下痢

輔助「發育」的
媽媽元素

鋅是正確傳達遺傳訊息的必要元素。
它與蛋白質合成有關。如果在發育期
間缺乏的話,第二性徵(女性特徵或
男性特徵)就會減緩出現或停止發
育,甚至會影響未來人生!

建議攝取量
(每天)

男性

9 - 10 mg

女性

7 - 8 mg

Cr

鉻

含有鉻的食物

黑胡椒

未精製的
穀類

啤酒酵母

豆類

菇類

肝臟

蝦子

要是缺乏的話……

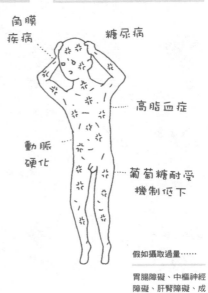

角膜
疾病

糖尿病

高脂血症

動脈
硬化

葡萄糖耐受
機制低下

假如攝取過量……

胃腸障礙、中樞神經
障礙、肝腎障礙、成
長障礙、產生肺癌等

穩定血糖的
守護神

食品中的鉻大部分是三價鉻，在糖、
膽固醇和蛋白質的代謝上不可或缺。
缺乏的話，罹患糖尿病或高膽固醇血
症的機會增加。一般正常飲食的攝取
量就足夠了。

建議量
（每天）

10 μg

Se

硒

含有硒的食物

芝麻

魚貝類
海鮮

巧克力

蛋

海藻類

牛肉

肝臟

烏賊

要是缺乏的話……

心肌障礙

慢性文明病
機率增加

假如攝取過量……

疲勞、焦躁、噁心、腹痛、下痢、末梢神經障礙、肝硬化、皮膚乾燥、掉髮、胃腸障礙、嘔吐、指甲變形等

活力人生的
啦啦隊

與抗氧化及免疫功能有關，若是不足的話，罹患慢性疾病的風險會增加。假如攝取過度，毒性就會出現，讓指甲變形，有時也會掉毛髮。和維生素E（多含於杏仁等的核果類）等一起攝取會更有效果。

建議攝取量
（每天）

男性
30 μg

女性
25 μg

Mo

鉬

要是缺乏的話……

肝臟

穀類

豆類

乳製品

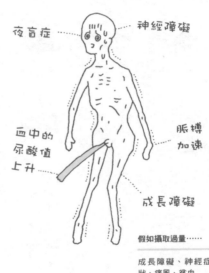

夜盲症

神經障礙

血中的
尿酸值
上升

脈搏
加速

成長障礙

假如攝取過量……

成長障礙、神經症
狀、痛風、貧血

輔助酵素作用的身體整備員

主要與體內酵素的作用相關，也具有提高鐵質、防止貧血的功效。人體的鉬需求量其實非常微量，只要維持正常的飲食就不必擔心會缺乏。在牛奶中含有許多鉬，每1公升大約含有25～75mg。

建議攝取量
（每天）
男性
25 - 30 μg
女性
20 - 25 μg

Fe

鐵

含有鐵的食物

大豆

雞肉

肝臟

菠菜

蛋

小魚乾

羊栖菜

芝麻

鱉血

要是缺乏的話……

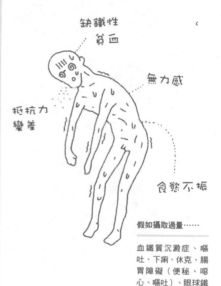

缺鐵性貧血

無力感

抵抗力變差

食慾不振

假如攝取過量……

血鐵質沉澱症、嘔吐、下痢、休克、腸胃障礙（便秘、噁心、嘔吐）、眼球鐵質沉澱症等

支持身體狀況的礦物質領袖

鐵與人體的關係從古希臘時代就已經發現。人體內的鐵有65%存於血液之中。它是傾向容易缺乏的礦物質，和維生素C一起攝取時會比較容易吸收，如果多喝綠茶或咖啡（含有單寧）則不利吸收。

建議攝取量
（每天）

男性
7.0 - 7.5 mg

女性
6.0 - 11.0 mg

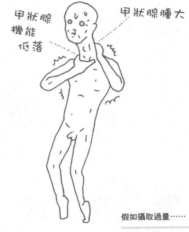

碘

含有碘的食物

海藻類

魚肉類

要是缺乏的話⋯⋯

甲狀腺
機能
低落

甲狀腺腫大

假如攝取過量⋯⋯

甲狀腺腫大、甲狀腺
機能亢進症等

打造生命力的
身體泵浦

碘是構成負責控制代謝和自律神經的
甲狀腺激素的重要元素,也是會全面
影響食慾、精神狀態和體力等方面的
礦物質。由於富含於海產之中,所以
島國日本可說是碘的天堂。在美國等
大陸內地就容易缺乏碘。

建議攝取量
(每天)
130 μg

Cu

銅

要是缺乏的話⋯⋯

啤酒酵母

可可

貝類

牛肝

菇類

甲殼類

豆類

水果

烏賊、章魚

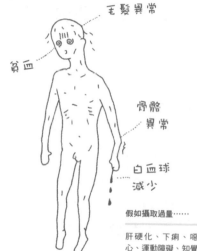

毛髮異常

貧血

骨骼異常

白血球減少

假如攝取過量⋯⋯

肝硬化、下痢、噁心、運動障礙、知覺神經障礙、溶血性黃疸、胃腸症狀、低血壓、血尿、無尿等

防止心肌梗塞的長壽關鍵

雖然感覺上銅不太像是礦物質，不過在成人身體中大約含有100mg的銅，存在於腦、肝臟、腎臟及血液中。目前已確認它具有預防心肌梗塞及動脈硬化的作用，所以中老年人更應該多吃些魚貝海鮮類。

建議攝取量
（每天）
男性
0.0 - 10 mg
女性
0.7 - 0.8 mg

Mn

錳

含有錳的食物

煎茶

海藻

肉類

豆類

牡蠣

抹茶

蛤蜊

要是缺乏的話……

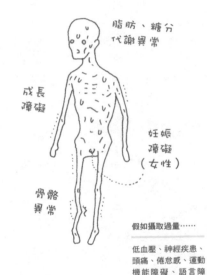

脂肪、糖分代謝異常

成長障礙

妊娠障礙（女性）

骨骼異常

假如攝取過量……

低血壓、神經疾患、頭痛、倦怠感、運動機能障礙、語言障礙、帕金森氏症等

掌握重點的低調名配角

在體重70公斤的成人體內約含12mg，與妊娠、成長及運動機能等各方面都相關。以老鼠做實驗後發現，要是錳的攝取量不足，會導致雄鼠的睪丸萎縮。雖然聽起來似乎有點可怕，不過只要按照一般正常飲食，就不容易缺乏或過量。

建議量
（每天）

男性
4.0 mg

女性
3.5 mg

S 硫 Sulfur	蛋 肉類	含於構成人體蛋白質的胺基酸中，讓各種不同的身體組織如皮膚、指甲、毛髮等部位保持健康。若是缺乏的話，新陳代謝會變差，或是造成皮膚炎等問題。富含於蛋、肉、魚之中。	**安全攝取量** （每天） **男性** **10 - 12 mg** **女性** **9 - 10 mg**
Cl 氯 Chlorine	醬油 味噌	會轉變成胃所分泌的鹽酸（胃酸）成分，對消化很重要。若是不足的話，就會引發消化不良，不過由於它可以從食鹽中攝取到，所以通常不會不夠。即使攝取過量，也會隨著汗或尿液排出，不必太過擔心。	**安全攝取量** （每天） **沒有特別要求**
F 氟 Fluorine	煎茶 魚肉類	在體內能夠幫助骨骼和牙齒保持健康。由於氟化鈉有預防蛀牙的效果，所以有些地方會在自來水中添加微量的氟。海鮮及綠茶的茶葉中皆含有多量的氟，常食用者不需擔心攝取不足。	**安全攝取量** （每天） **沒有特別要求**
Co 鈷 Cobalt	肉類 牡蠣	含在維生素B12中的元素。只要攝取魚貝類或肉類等動物性蛋白質，就不必擔心不夠。假如鈷不足的話，即使攝取了充分的鐵，還是會導致貧血，所以算是個性低調卻很重要的元素。	**安全攝取量** （每天） **沒有特別要求**

西式早餐

EUROPEAN AND AMERICAN BREAKFAST

早餐中的元素

ELEMENTS IN BREAKFAST

※在此顯示的是除了C、H、O、N以外的礦物質。

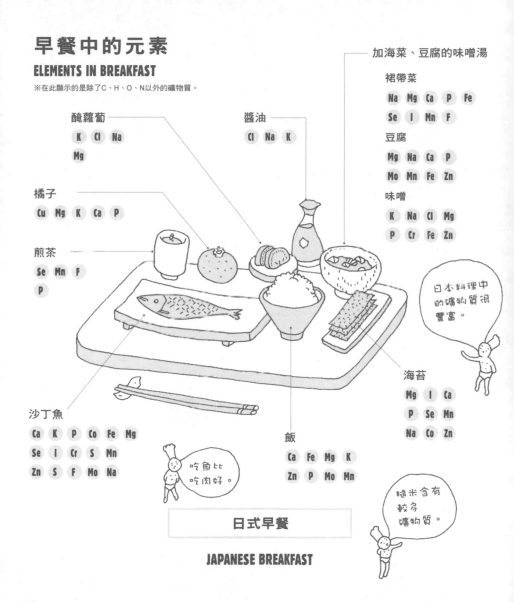

加海菜、豆腐的味噌湯

裙帶菜

Na Mg Ca P Fe
Se I Mn F

豆腐

Mg Na Ca P
Mo Mn Fe Zn

味噌

K Na Cl Mg
P Cr Fe Zn

醃蘿蔔

K Cl Na
Mg

醬油

Cl Na K

橘子

Cu Mg K Ca P

煎茶

Se Mn F
P

日本料理中的礦物質很豐富。

海苔

Mg I Ca
P Se Mn
Na Co Zn

沙丁魚

Ca K P Co Fe Mg
Se I Cr S Mn
Zn S F Mo Na

吃魚比吃肉好。

飯

Ca Fe Mg K
Zn P Mo Mn

糙米含有較多礦物質。

日式早餐

JAPANESE BREAKFAST

5

THE ELEMENTS CRISIS

元素危機

到目前為止，我們已經看過各式各樣的元素。

其中有像鍺那樣從前非常熱門，但現在已完全過氣的元素，

也有像銦這種最近開始大為活躍的元素。

但有些元素因為太受歡迎而變成問題。

從前，只要提到電池就一定會想到鎳電池，不過現在幾乎都是想到鋰電池。

這是因為鎳太受歡迎，讓價格變得太高所造成的結果。

而液晶螢幕中使用的銦，價格也是每年持續上升。

像某些支撐尖端科技的元素產量很少，

或是要花非常多工夫才能提煉出來的金屬元素，就統稱為「稀有金屬」。

現在日本的稀有金屬幾乎全部產自外國。

日本原本就不是這類金屬資源很豐富的國家。

由於稀有金屬幾乎全仰賴國外進口，

所以萬一停止輸入，就會變得非常糟糕。

主要的稀有金屬

元素危機即將發生。

假如沒有鎢，就無法產生一些製造東西的超硬工具；要是沒有鎳或鉬，就無法製造不鏽鋼產品；缺乏鎵這類元素的話，就沒辦法製作半導體。

也就是說，不管電腦或是手機，都沒辦法生產。

只不過區區幾種元素，就左右了世界的經濟與生活。

在全世界，稀有金屬的人氣都在持續上升。

正因如此，稀有金屬價格變得過高，有時甚至會發生無法買到稀有金屬的危機。

元素危機與石油危機一樣嚴重。

為了要避免這種狀況發生，平日必須儲備好幾種稀有元素，或是進行元素研究，以便找到稀有元素的代用品。

不過，若是真的發生元素危機，無論如何也來不及了。

這已經成為國際問題，也是現在正在發生的大事。

假如沒有鎢，就沒辦法
製造超硬工具。

製造業會瓦解。

若是沒有鎵，就
無法製造半導體。

電腦等高科技
機器無法製造。

要是沒有銦，就無
法製造液晶螢幕。

沒有鉬和鎳等，
就不能製造不鏽
鋼產品。

沒有鋰的話，就
不能製造電池。

包含行動電話在內，現在家電的資源回收工作正在進步中。

資源回收並不只是為了愛惜物品；

假如不把這些稀有金屬再回收利用的話，

有些東西就真的再也沒辦法拿到手。

元素是沒辦法製造的。

要是元素沒有了，再製作不就好了嗎？

只要拿氫來加點工，應該就可以做出氦來吧？

電子和質子各追加一個，不就可以了嗎？

假如能夠這樣做的話，就不是元素了。

想要把元素翻新再製造，需要核反應及龐大的能量。

由於核反應會釋出輻射能，或形成放射性物質，所以非常危險。

元素之所以為元素，就是因為它們無法製造、不能改變。

現代的生活必須依靠我們對元素的知識，以及應用這些元素來維持。

看看我們的周圍，也許並不會覺得元素有那麼重要；

反過來說，正是因為這樣，元素所負責的就是最根本的部分。

未來是全民科學家時代。

現在我們經常聽見「低碳社會」這個名詞，

這應該表示環境問題不從元素層面來看已經不行了。

大氣中二氧化碳增加的問題，要是從元素層面來看的話，

就會知道原因在於人類把原本長眠在地底的碳，不停釋放到大氣中。

所以我們應該要好好認識稀有元素，確實做好資源回收，

了解自己是怎樣讓元素做變換。

今後我們會愈來愈需要以科學家的角度看事情。

大家應該一點一點慢慢成為科學家，從元素層面來檢討自己的生活。

請務必嘗試看看這種「元素生活」喔。

元素中文筆劃索引

參考文獻

以下是我撰文與繪製插畫時所參考的資料。

元素的數據

『理科年表（平成17年版）』p. 133／国立天文台／丸善（2005）

『エキスパート管理栄養士シリーズ7 臨床病態学』伊藤節子 編／化学同人（2004）

『エキスパート管理栄養士シリーズ8 食べ物と健康1』池田清和・柴田克己 編／化学同人（2004）

『新 食品・栄養科学シリーズ3 基礎栄養学』西川善之・灘本知憲 編／化学同人（2003）

『日本人の食事摂取基準（2010年版）』「日本人の食事摂取基準」策定検討会報告書 平成21年5月 厚生労働省

週期表

『一家に1枚周期表（第4版）』文部科学省（2009）

『完全図解周期表（Newton別冊）』ニュートンプレス（2006）

元素的歷史及基礎

『元素111の新知識──引いて重宝、読んでおもしろい（第2版）』桜井 弘 編／講談社ブルーバックス（2009）

『金属はなぜ人体に必要か』桜井 弘 著／講談社ブルーバックス（1996）

『金属なしでは生きられない──活性酸素をコントロールする』桜井 弘 著／岩波書店（2006）

『元素の事典』馬淵久夫 編／朝倉書店（1994）

『元素の話』斎藤一夫 著／培風館（1982）

『化学の基本7法則』竹内敬人 著／岩波書店（1998）

『元素を知る事典』村上雅人 編著／海鳴社（2004）

『図解入門 よくわかる最新元素の基本としくみ』山口潤一郎 著／秀和システム（2007）

『図解雑学 元素』富永裕久 著／ナツメ社（2005）

『目で見る元素の世界──身のまわりの元素を調べよう』斎藤幸一 編／誠文堂新光社
　　（子供の科学サイエンスブックス）（2009）

『元素の小事典（岩波ジュニア新書）』高木仁三郎 著／岩波書店（1999）

『5年の科学 10月号』学習研究社（2006）

『目で見る化学───111種の元素をさぐる』Robert Winston 著／相良倫子 訳／さえら書房（2008）

『元素発見の歴史1、2、3』Mary E. Weeks, Henry M. Leicester 著／大沼正則 監訳／朝倉書店（1988～1990）

" The Elements, " 3rd Ed., John Emsley, Oxford University Press（1998）

" Nature's Building Blocks: An A- Z Guide to the Elements," John Emsley, Oxford University press（2001）

『元素の百科事典』山崎昶 訳／丸善（2003）

" A Guide to the Elements (Second edition)," Albert Stwertka, Oxford University Press（2002）
　　（中譯：《化學元素導覽》/ 世潮 / 2004）

後記

每個人應該都有第一個記得的元素吧。我最早記得的元素是鈾，其實是因為一部名叫《赤腳阿元》的電影。在我還是小學生的時候，我媽媽帶我去我們家那區的公民會館看這部片。我相信應該有不少日本人知道這是以原子彈爆炸為主題的電影。由於這部電影對當時還是小學生的我來說，刺激實在是太大，所以在放映完畢之後，我連一句話都說不出來。當晚睡也睡不好，即使好不容易睡著了，醒來的時候，影片中那些閃光也依然在我腦中及眼前徘徊不去。之後我打定主意要更了解原子彈爆炸的事情。那不只是像滿足對知識的好奇那般溫和的求知慾，而是一股假如不知道就沒辦法做任何事的無奈感。總而言之，應該說那影像讓我害怕到了極點吧。於是從那時起，我就開始學習鈾、鈽等元素以及和中子、電子相關的原子世界。我記得就是在弄懂原子彈與它的機制後，我的恐懼感才逐漸緩和下來。

當化學同人社的栂井文子小姐請我寫一本與元素週期表有關的書時，在我的內心

深處，其實根本不覺得元素有什麼大不了的。雖然這跟我什麼都不懂有關，不過在我的日常生活中，實在找不出必須認識元素的理由。當我正在思考到底該怎麼辦時，與理化學研究所的玉尾皓平教授、京都藥科大學的櫻井弘教授見了面。從他們那裡我學到了元素危機、人體與金屬的關係等等，並知道自己其實跟元素有深厚的關連。而這本書，就是把當時的驚訝做了完整的呈現。原本對元素漠不關心的我，寫了這本希望大家能夠拿起來翻閱的書。

在執筆寫作的同時，多虧有我的作家妹妹梶谷牧子大力幫忙。她付出的心力多到幾乎可以算是共同作者了。另外，對於雖然不曾見到本人，卻替我審訂了這本書的寺嶋孝仁教授，我也要在此表達感謝之意。化學同人社的栫井文子小姐在這兩年多來，從採訪、蒐集資料到校正等等，在各個層面都幫了我非常多的忙，我的感謝真的是無法言喻。

各位親朋好友，真的、真的非常謝謝。

二〇〇九年六月二十日　寄藤文平

寫給完全版

在製作第一版的《元素生活》時，寫在參考資料上的元素總數是111。當我聽到編輯梓井小姐跟我說現在已經變成118了喔」的時候，我很驚訝地體會到：「對耶，元素這東西是會一直被發現的。」當時，112以後的元素都還沒有決定名字，只是暫定為「Unun○○」而已。「鈥」是「Ununtrium」，由於「un」的意思是「1」，而「tri」是「3」，所以就是「113tium」。我很喜歡「Unun」這個名字，從它的發音不禁讓人聯想到研究者的姿態，他們一邊把兩手交叉在胸前說「嗯嗯」，一邊思考著該如何發現還沒現身的元素。

從那之後過了八年，雖然118個元素全都被發現，但我完全沒想到那個日子會來得這麼早。由於門得列夫是在一八五五年整理出元素週期表，算算已經過了將近一百六十五年。想像各種研究者真的一邊說「嗯嗯」、一邊發現一個個元素這一百六十五年時間，雖然有點誇大，卻讓人感覺到活在那個完成的瞬間真是美好啊。

212

加上自己能夠透過這本書來見證這個過程，就好像一邊把跨年蕎麥麵放入口中、一邊過年的快樂。不過另一方面，也有著「已經全都找到……」的一絲遺憾。看著已經完成的超級元素週期表的完全版，代表「Unun」系列的「單眼機器人」消失無蹤，這讓我突然感到很遺憾，所以又加上原子序119以後的篇幅，讓它們以我想像的方式繼續活下去。

對我來說，第一版的《元素生活》和這本《元素生活完全版》，兩者是合而為一的，因為兩本書排在一起時，其間正是元素歷史的一個轉折點。假如您已經擁有第一版的《元素生活》，請不要把它當成舊書，而是享受兩本一起閱讀的樂趣。根據我聽來的消息，研究者現在仍持續尋找119以後的元素。我衷心期盼將來有一天，還有機會製作追加了新元素的《超 完全版》。

二〇一七年二月十七日 寄藤文平

【作者簡介】

寄藤文平

1973年生於日本長野縣。武藏野美術大學肄業。從JT廣告「成人香菸養成講座」開始受到矚目，之後一直活躍於廣告及裝幀等設計領域，是日本知名的插畫藝術家、藝術設計總監、廣告平面設計師及暢銷圖文書作家。
著有《死的型錄—鬼才插畫家筆下的生命終點》、《塗鴉大師—快樂繪畫的基礎》等；另合著有《大便書—邁向優質便便的幸福生活》等。
個人網站：http://www.bunpei.com

元素生活 完全版
非典型118個化學元素圖鑑，徹底解構你的生活

著／寄藤文平　譯／張東君

主編／林孜懃　編輯／陳懿文　美術設計／陳春惠
行銷企劃／鍾曼靈　出版一部總編輯暨總監／王明雪

發行人／王榮文
出版發行／遠流出版事業股份有限公司　104005台北市中山北路一段11號13樓
電話：（02）2571-0297　傳真：（02）2571-0197　郵撥：0189456-1
著作權顧問／蕭雄淋律師
□ 2010年4月 1 日 初版一刷
□ 2024年7月15日 二版三刷

定價／新台幣399元　（缺頁或破損的書，請寄回更換）
有著作權・侵害必究　Printed in Taiwan
ISBN 978-957-32-8634-9
遠流博識網 http://www.ylib.com　E-mail:ylib@ylib.com

"GENSO SEIKATSU KANZENBAN by Bunpei Yorifuji
Copyright © 2017 Bunpei Yorifuji
All rights reserved.
Original Japanese edition published by Kagaku-Dojin Publishing Company, Inc., Kyoto.
Complex Chinese edition copyright © 2019 by Yuan-Liou Publishing Co., Ltd.
This Complex Chinese language edition is published by arrangement with
Kagaku-Dojin Publishing Company, Inc., Kyoto
in care of Tuttle-Mori Agency, Inc., Tokyo through Future View Technology Ltd., Taipei.

國家圖書館出版品預行編目資料

元素生活完全版：非典型118個化學元素圖鑑，徹底解構你的生活 / 寄藤文平著；張東君譯. --
二版. --臺北市：遠流, 2019.09
面；　公分
譯自：元素生活

ISBN 978-957-32-8634-9（精裝）

1. 元素　2. 元素週期率

348.21　　　　　　　　　　108012994